Algorithms for Reinforcement Learning

速習 強化学習

—基礎理論とアルゴリズム—

Csaba Szepesvári 著
小山田創哲 訳者代表・編集
前田新一・小山雅典 監訳

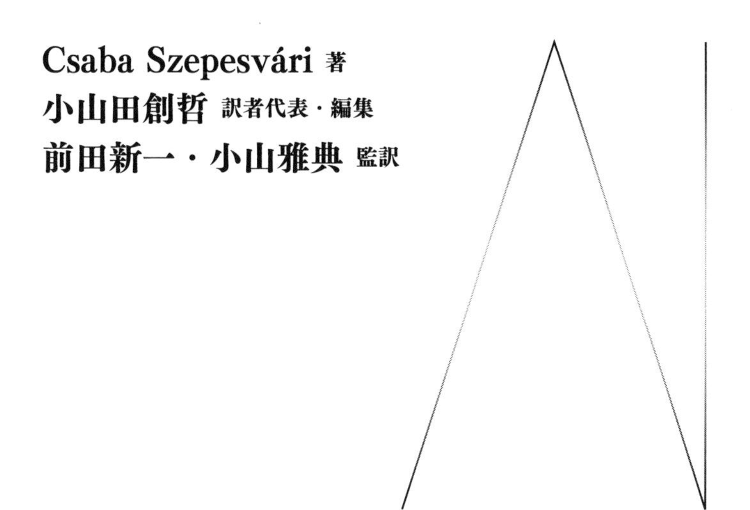

共立出版

Algorithms for Reinforcement Learning
by Csaba Szepesvári

Original English language edition published by Morgan and Claypool Publishers

Japanese language edition published by KYORITSU SHUPPAN CO., LTD.

訳者まえがき

GoogleのAlphaGoによるプロ棋士打破は，人工知能がヒトを超えた学習を行った歴史的出来事として認識された．この事例が象徴的に現わしているように，人の手によって作られた正解例をもとに学習する教師有り学習とは異なり，強化学習ではこれまで人が試したこともないような，人を超える手を生み出すことを可能とした．強化学習は，囲碁などのゲームのほかにも自動運転やロボット制御など制御分野への応用でも注目されている．このように，強化学習は，実社会にインパクトを与える応用が生まれつつあり，機械学習の中でも特にホットな分野といえる．

その一方で，日本語で強化学習を体系的に学べる教科書はまだ多くはない．また，代表的な強化学習の教科書であるSutton and Barto (1998)の邦訳書では，新しいアルゴリズムが十分には掲載されていない．実際，本書に掲載されている約3分の1のアルゴリズムは，Sutton and Barto (1998)では触れられていない．本書の翻訳のきっかけもまさにそこに起因している．今回，特に強化学習を学ぶことに意欲的な若手研究者，実務家，大学院生が集まったことで，本書の勉強会が企画されるのみならず，訳者総勢12名による翻訳作業が始まることとなった次第である．

ここで，本書がどういった本であるかを簡単にご紹介したい．本書は出版当時，トップ会議(AAAI)のチュートリアルで利用されたり，出版以降わずか数年で400弱の引用がされたりといった事実から窺えるように，入門書として広く読まれている良書である．本書の内容は動的計画法などの基本的かつ重要なアルゴリズムから始まり，比較的新しい手法の基礎となる部分が網羅されながら，全体の分量はコンパクトに抑えられている．本書の想定読者は大学生・大学院生であり，特別な前提知識なしに自己完結しており，平易な語り口でアルゴリズムのエッセンスが理解しやすいよう工夫されているため，自習にも適している．翻訳では，この原文のニュアンスを保持したまま，日本語として自然に理解できるよう腐心したため，時には直訳からは出てこないような翻訳も敢えて行った．出版から

7年あまり過ぎたことで，カバーされていないアルゴリズムも存在するものの，その多くは本書で掲載されたアルゴリズムをその基礎においている．特に近年の深層学習を利用した強化学習アルゴリズムに，本書で紹介されたアルゴリズムがどのように使われているかを簡単に解説した付録を追加することで，近年の深層学習を利用した強化学習アルゴリズムに対する理解が深まるような工夫を行っている．

本書の出版にあたり，多くの方々にご協力を頂いた．草稿の輪読に協力して頂いた小川義人さん，菊池悠太さん，久米絢佳さん，関谷英爾さん，奥村エルネスト純さん，大録誠広さん，川尻亮真さんには深く感謝申し上げたい．また，共立出版の方々には本書の企画から刊行に至るまで手厚くサポートをして頂いたことをここに記し，厚く御礼申し上げる．

本書が，これから強化学習を学びたいという読者の学習の一助になれば幸いである．

2017年7月
前田新一・小山雅典・小山田創哲

目　次

まえがき

強化学習 (reinforcement learning; RL) は機械学習の一つの分野と学習問題の一種の両方を指す言葉であり，学習問題としては，長期的な目標を示す数値を最大化するようシステムを制御する学習を指す．図1は，強化学習の典型的な設定を示している．制御器はまず，制御対象となるシステムから現在の状態と直前の状態遷移に伴う報酬を観測し，それに基づいてシステムに対して働きかける行動を計算する．システムがこの制御器の行動に応答し，新しい状態に遷移することで，サイクルが繰り返される．ここで主眼となる問題は，報酬和を最大化するようにシステムを制御する制御方法の学習である．このような学習問題は，データがどのように得られるか，どのように性能が評価されるかといった詳細がそれぞれの問題で異なる．

本書では，我々が制御対象とするシステムが確率的であると仮定する．さらに，ここでは制御器がシステムの状態を推論する必要がないぐらい十分，詳細にシステムの状態を観測できることを仮定する．このような特徴をもった問題は，マルコフ決定過程 (Markov decision process; MDP) の枠組みでうまく記述できる．この MDP を“解く”ための標準的なアプローチは動的計画法である．動的計画法は，良い制御器を見つける問題を良い価値関数を見つける問題に落とし込む手法である．しかしながら，MDP が極めて少ない状態数と行動数しかもたない単純な問題から離れると，動的計画法は実行不可能となる．こ

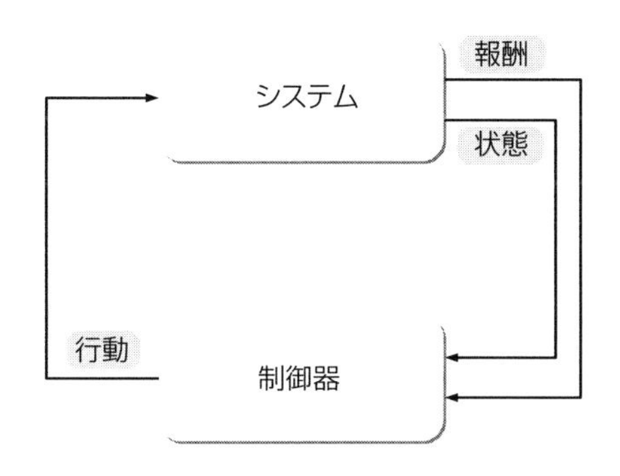

図1　基本的な強化学習のシナリオ

こで我々が議論する強化学習アルゴリズムは，大規模な問題では実行不可能となる動的計画法を実践的なアルゴリズムに落とし込み，大規模な問題に対して適用可能にするための方法といえる．

強化学習アルゴリズムにこの目標を達成させるにあたって，重要となるアイデアは二つある．一つ目は，制御問題のダイナミクスをコンパクトに表現するためにサンプルを使うことである．このアイデアが重要である理由は二つある．一つは，サンプルを使うと，ダイナミクスが未知の場合でも学習を扱うことが可能になること，もう一つは，たとえダイナミクスが既知であっても，そのダイナミクスに基づいた正確な推論が困難であるかもしれないこと，にある．強化学習アルゴリズムの背後にある二つ目の重要なアイデアは，価値関数をコンパクトに表現するために関数近似法という強力な道具を用いることである．これには，大規模で高次元な状態・行動空間を扱うことを可能にする意義がある．都合の良いことに，この二つのアイデアは相性が良い．なぜなら，サンプルがそれらの属する空間のうちの小さな部分領域に集中していれば，賢い関数近似手法はその性質を利用できるからである．強化学習アルゴリズムを設計・分析するにせよ，適用するにせよ，その核心には動的計画法，サンプルおよび関数近似の間の相互作用の理解が必要になる．

本書のゴールは読者に対してこの美しい分野を垣間見る機会を提供することである．もちろん，このゴールを目指したのは我々が初めてではない．1996 年には Kaelbling らが当時のアプローチとアルゴリズムについて，簡潔で素晴らしいサーベイを書いているし (Kaelbling et al., 1996)，続いて理論的基礎について詳細に記述した本も出版された (Bertsekas and Tsitsiklis, 1996)．数年後，強化学習の “父” である Sutton と Barto が著書を出版し，強化学習における彼らの考えを明快かつわかりやすい形で提示した (Sutton and Barto, 1998)．より新しく包括的な動的計画法/最適制御のツールやテクニックに関する概説は Bertsekas (2007a,b) の上下巻の著書で与えられており，その中で一章分が強化学習の手法に充てられている[1]．時に，分野が急速に発展する状況では，書籍はすぐに時代遅れになってしまう．実際，増え続ける新しい結果に対応するために，Bertsekas は著書のオンライン版において下巻の第 6 章の整備を続けており，その分量は本書の執筆時点で 160 ページにも及ぶ (Bertsekas, 2010)．他に関連する近年の書籍には，60 ページを第 9 章の強化学習アルゴリズムに充て，平均コスト問題に集中した Gosavi (2003) や，方策勾配法に焦点を当てた Cao (2007) が挙げられる．Powell (2007) はオペレーションズ・リサーチの視点からアルゴリズムとアイデアについて言及したうえで，大規模な制御空間を扱うことのできる手法を強調し，Chang et al. (2007b) は適応サンプリング（つまり，シミュレーションベースの性能最適化）に焦点を当てている．そうした一方，近年出版された Busoniu et al. (2010) は関数近似をその中心に据えている．

[1] この本では，強化学習はニューロ動的計画法または近似動的計画法と呼ばれている．このニューロ動的計画法という単語は，強化学習アルゴリズムが多くの場合，ニューラルネットワークとともに使われるという事実に由来する．

このように，強化学習の研究者らは良い書籍に事欠いているわけでは決してない．しかしながら Kaelbling et al. (1996) のように，自己完結しつつも比較的短くまとまっている本で，既存の研究者が分野の視座を広げられるに留まらず，初学者が最先端の感覚を養うことができ，しかも最新のコンテンツを備えているものはないように思われる．この穴を埋めることがまさしく本書の目的である．

紙面を短くするため，いくらかの（願わくば深刻ではないと思われる）妥協をする必要があった．一つ目の妥協点は，議論を累積割引報酬和の期待値を指標とする結果のみに絞ることである．この理由は，広くこの指標が使われていることと数学的な扱いが最も容易であることである．次の妥協点は，MDP と動的計画法の背景を極めて簡潔にまとめたことである（補足として，これらの基本的な結果を説明する付録を用意している）．本書は，これらの妥協をしたうえで，読者が本書で示されたアルゴリズムを実装できるだけでなく，強化学習の様々な側面の，何がどのようになっているのかを理解できるレベルで広く浅く取り扱うことを目指す．当然ながら，何について説明するかは選択する必要があった．そこで，何よりも基本的なアルゴリズムやアイデア，そして有効性の実証されている理論を重視することと決めた．さらに，読者に対して複数の選択肢を紹介するだけでなく，その選択に伴うトレードオフを理解してもらうことにも特に注意を払った．可能な限り公平な記述を心がけたが，ご多分に漏れず，個人的なバイアスがいくらか乗ってしまっていることには留意してほしい．また，実用に重きをおいた読者にとって，ここで記述されたアルゴリズムの実装が容易になることを期待して，本書には 20 近くのアルゴリズムの擬似コードを掲載した．

この本が想定する読者は，大学院生や意欲的な学部生のほか，最先端の強化学習について短期間で概観を掴みたい研究者や実務家である．すでに強化学習を用いた研究を行っている研究者であっても，自分がまだあまり馴染み深くない箇所を読んで，強化学習の見識を広げる楽しみ方もできるように心がけた．読者には線形代数，微積分学，確率論の基本的な知識があることを想定している．特に確率変数，条件付き期待値，マルコフ連鎖についての知識を有することを想定している．必要に応じて本質的な概念は説明されるので必須というほどではないが，統計的学習理論について知っていると役に立つだろう．また，本書のいくつかの箇所では，機械学習の回帰手法に関する知識も役立つであろう．

本書は三つのパートから成っている．最初のパートの第 1 章で，必要となる前提知識について説明する．この章において記法の導入を行い，マルコフ決定過程の理論の短い概説と動的計画法の基本的なアルゴリズムに関する説明を行う．MDP と動的計画法についてすでによく知っている読者も，本書で使われる記法に慣れるために，このパートに目を通しておいた方が良いだろう．この章で説明する結果とアイデアは，本書のそれ以降のパートのベースになるので，MDP にあまり馴染みのない読者は読み進める前にこの章の理解に十分な時間を取って頂きたい．

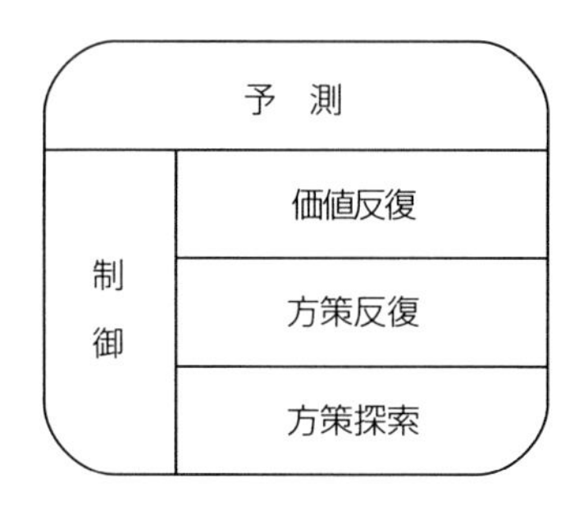

図2　強化学習における問題とアプローチのタイプ

残りの二つのパートは，強化学習の基本的な二つの問題（図2）にそれぞれ充てられている．一つ目のパートである第2章では，状態に紐付いた価値を予測する学習問題について学ぶ．まずMDPが十分に小さく，状態ごとの価値を配列としてコンピュータのメインメモリに載せられるテーブル形式の場合について，基本的なアイデアを説明する．最初に説明するアルゴリズムはTD(λ)法と呼ばれる，動的計画法を使った価値反復の学習バージョンともいえる手法である．その後，テーブル形式の場合と異なり，コンピュータのメモリに載せきれないほどの状態数をもつ，より難しくやりがいのある状況について考える．この場合はもちろん，価値を表すテーブルを圧縮する必要が生じるわけであるが，これは，大雑把にいうと，適切な関数近似法によって達成することになる．まず初めに，こうした状況でどのようにTD(λ)法を利用できるかについて述べ，さらに新しい勾配ベースの手法（GTD2とTDC）について説明を行う．これらは，TD(λ)法が直面するいくつかの収束性に関する問題を回避できるという点で，TD(λ)法の改善版ともいえるものである．その後，最小二乗法（特にLSTD(λ)とλ-LSPE）について議論し，先に説明する逐次的な方法と比較する．最後に，関数近似を実装する場合の可能な選択肢と，それぞれの選択に伴うトレードオフについて説明する．

二つ目のパート（第3章）は，制御の仕方を学習するために開発されたアルゴリズムの説明に充てている．まず，オンライン性能を最適化することを目標とした方法の説明を行う．特に，“不確かなときは楽観的に”の原則について説明し，この原則に基づいて自らが置かれた環境を探索していく手法について説明する．さらに，バンディット問題とMDPの双方に対する最先端のアルゴリズムを説明する．この章でのメッセージは，巧みに探索することで大きな効果を得ることができるが，それを大規模な問題に対して適用できるようスケールアップするにはさらなる努力が必要になるということである．この章の残りは，大規模な問題に利用できるよう開発された手法について割かれる．大規模なMDPにおける学習は，小規模なMDPに比べて極めて難しくなるため，その規模が極端に大きくなる場合においては学習の目標は最善の方策を学習することではなく，漸近的に十分良くなる方策を学習することへと緩和される．まず，最適行動価値を直接推定することを目標とした直接法について説明する．この直接法も，動的計画法を使った価値反復の学習バージョンとみなすことができる．その後，動的計画法を使った方策反復の学習バージョンのアルゴリズムと考えられる actor-critic 法について説明する．これについては，直接的な方策改善ベースのものと方策勾配ベースのもの（つまりパラメトリックな方策のクラスを用いるもの）の双方を説明する．第 4 章で，さらに深く探求したい人向けにいくつかのトピックを挙げて締めくくりとする．

第1章

マルコフ決定過程

本章の目的は，これ以降で用いる表記と，マルコフ決定過程 (MDP) の理論から，本書で欠かせない重要な結果を紹介することである．MDP について馴染みのある読者も，表記に慣れるため本章は一読してほしい．MDP に馴染みのない読者は，本章に十分な時間を割き，詳細を理解することをお薦めする．本章のほぼすべての結果には（簡略化されたものもあるが）付録 A で証明をつけている．MDP についてさらに学習したい読者には，この分野における多くの素晴らしい本の中でも特に，Bertsekas and Shreve (1978) か，Puterman (1994)，もしくは上下二巻の Bertsekas (2007a,b) などをお薦めしたい．

1.1 本書の表記と前提とする知識

本書において，$\mathbb{N}$ は非負の整数全体の集合を表し ($\mathbb{N} = \{0,1,2,\ldots\}$)，$\mathbb{R}$ は実数全体の集合を表す．また，ベクトル v は列ベクトルを表す（その転置 $v^\top$ は行ベクトル）．二つの有限次元ベクトル $u,v \in \mathbb{R}^d$ の内積は $\langle u,v\rangle = \sum_{i=1}^d u_i v_i$ であり，この内積から定義される 2-ノルムは $\|u\|^2 = \langle u,u\rangle$ である．ベクトルの一様ノルム（最大値ノルム）は $\|u\|_\infty = \max_{i=1,\ldots,d} |u_i|$ と定義し，一方で関数 $f : \mathcal{X} \to \mathbb{R}$ の一様ノルム $\|\cdot\|_\infty$ は $\|f\|_\infty = \sup_{x\in\mathcal{X}} |f(x)|$ と定義する．距離空間 (M_1,d_1) と (M_2,d_2) の間の写像 T が定数 $L \in \mathbb{R}$ と任意の $a,b \in M_1$ について $d_2(T(a),T(b)) \le L\,d_1(a,b)$ を満たすとき，写像 T はリプシッツ定数 L をもつリプシッツ関数という．T がリプシッツ関数で $L \le 1$ のとき，その写像は非拡大であるという．さらに，$L < 1$ のとき，その写像は縮小写像という．事象 S に対する指示関数は $\mathbb{I}_{\{S\}}$ と表される（つまり，事象 S が起こるとき $\mathbb{I}_{\{S\}} = 1$，そうでないとき $\mathbb{I}_{\{S\}} = 0$ となる)．関数 $v = v(\theta,x)$ に対し，v の θ に関する偏微分を $\frac{\partial}{\partial\theta}v$ と表記する．$\theta \in \mathbb{R}^d$ のとき，$\frac{\partial}{\partial\theta}v$ は d 次元の"行ベクトル"である．また，v の θ に関する全微分は $\frac{d}{d\theta}v$ と表し，行ベクトルとして扱う．さらに $\nabla_\theta v = (\frac{d}{d\theta}v)^\top$ である．

P が確率分布あるいは確率測度であるとき，$X \sim P$ は X が P の分布に従う確率変数であることを意味する.

1.2　マルコフ決定過程

議論を簡単にするため，ここでは話を可算のMDPと累積割引報酬和の期待値を指標としたものに限定するが，これから紹介する結果はみな，適当な条件を追加しさえすれば連続な状態・行動空間をもつMDPにも適用できる．このことは本書の他の部分で説明する結果にも当てはまる．

可算MDP $\mathcal{M} = (\mathcal{X}, \mathcal{A}, \mathcal{P}_0)$ は，状態 (state) の空でない可算集合 $\mathcal{X}$，行動 (action) の空でない可算集合 $\mathcal{A}$，**遷移確率カーネル** (transition probability kernel) $\mathcal{P}_0$ の三つ組で定義され，その中でも遷移確率カーネル $\mathcal{P}_0$ は各状態と行動の組 $(x, a) \in \mathcal{X} \times \mathcal{A}$ に対し，$\mathcal{X} \times \mathbb{R}$ 上の確率測度 $\mathcal{P}_0(\cdot|x, a)$ を割り当てるものである．より具体的にいうと $\mathcal{P}_0$ は，部分集合 $U \subset \mathcal{X} \times \mathbb{R}$ に対し，現在の状態が x，選択された行動が a であるとき，$\mathcal{P}_0(U|x, a)$ は次の状態とそれに対応する報酬が U に属する確率を表す[1)]．本書ではまた，割引率 (discount factor) $0 \leq \gamma \leq 1$ を定義する．この役割についてはすぐ後に説明をする．

遷移確率カーネルは，以下の**状態遷移確率カーネル** (state transition probability kernel) $\mathcal{P}$ を定める．

$$\mathcal{P}(x, a, y) = \mathcal{P}_0(\{y\} \times \mathbb{R} \,|\, x, a)$$

状態遷移確率カーネルは，任意の三つ組 $(x, a, y) \in \mathcal{X} \times \mathcal{A} \times \mathcal{X}$ に対し，状態 x において行動 a が選択されたとき，状態が x から y へと遷移する確率を与える．$\mathcal{P}$ に加えて，$\mathcal{P}_0$ は**即時報酬関数** (immediate reward function) $r : \mathcal{X} \times \mathcal{A} \to \mathbb{R}$ を定め，これは状態 x において行動 a を選択したときの**即時報酬** (immediate reward) $R_{(x,a)}$ の期待値を表す．より詳細には，$(Y_{(x,a)}, R_{(x,a)}) \sim \mathcal{P}_0(\cdot \,|\, x, a)$ のとき，r は次のように表される．

$$r(x, a) = \mathbb{E}\left[R_{(x,a)}\right]$$

以下の議論において，報酬はある値 $\mathcal{R} > 0$ で抑えられるとする．すなわち，任意の $(x, a) \in \mathcal{X} \times \mathcal{A}$ において，ほとんど確実に $|R_{(x,a)}| \leq \mathcal{R}$ であるものとする[2)]．確率的な報酬が $\mathcal{R}$ で抑えられるとき，$\|r\|_\infty = \sup_{(x,a) \in \mathcal{X} \times \mathcal{A}} |r(x, a)| \leq \mathcal{R}$ が成り立つことは自明である．さらに，**有限MDP**とは，$\mathcal{X}$ と $\mathcal{A}$ が有限なMDPのことを意味する．

---

1) 確率 $\mathcal{P}_0(U|x, a)$ は U がボレル可測集合のときのみ定義できることに注意してほしい．ここで，“ボレル可測”とは，いくつかの病的な状況を防ぐための技術的概念と捉えてもらってよい．ざっくり言うと，$\mathcal{X} \times \mathbb{R}$ の“ボレル可測”な部分集合とは，“意味のある”$\mathcal{X} \times \mathbb{R}$ の部分集合のことである．これらの“意味のある”集合は $\{x\} \times [a, b]$ の形をとるもののほか，それらの補集合や，それらの和と積を高々可算回だけとったものを含む．

2) ちなみに“ほとんど確実に”というのは“確率1で”と同義で，測度0の事象の集合を除いた，確率空間のいたるところで成立することを意味する．

マルコフ決定過程は逐次的な意思決定問題を記述するためのツールである．逐次的な意思決定問題とは，意思決定主体が順々にシステムと相互作用する問題を表す．MDP $\mathcal{M}$ において，システムと意思決定主体は以下のように相互作用する．まず，$t \in \mathbb{N}$ を現在の時刻，$X_t \in \mathcal{X}$ と $A_t \in \mathcal{A}$ をそれぞれ，時刻 t におけるランダムなシステムの状態と意思決定主体によって選ばれる行動としよう．この選択された行動が実行されると，システムにそれを反映した遷移が生じる．

$$(X_{t+1}, R_{t+1}) \sim \mathcal{P}_0(\cdot \mid X_t, A_t) \tag{1.1}$$

ここで X_{t+1} は確率的であり，任意の $x, y \in \mathcal{X}, a \in \mathcal{A}$ について $\mathbb{P}(X_{t+1} = y | X_t = x, A_t = a) = \mathcal{P}(x, a, y)$ である．また，$\mathbb{E}[R_{t+1} | X_t, A_t] = r(X_t, A_t)$ である．さらに，意思決定主体は次の状態 X_{t+1} と報酬 R_{t+1} を観測し，新しい行動 $A_{t+1} \in \mathcal{A}$ を選択する．そして，この過程が何度も繰り返される．意思決定主体の目的は，割引報酬の総和の期待値を最大化する行動選択のルールを見出すことである．

意思決定主体は，任意の時刻 t で観測の履歴を基に行動することができる．行動を選択するルールは**行動則** (behavior) と呼ばれる．意思決定主体の行動則と確率的に決定される初期状態 X_0 によって，状態-行動-報酬の系列 $((X_t, A_t, R_{t+1}); t \geq 0)$ が確率的に決定される．ここで，(X_{t+1}, R_{t+1}) は式 (1.1) に示されるように，(X_t, A_t) に依存しており，A_t は $X_0, A_0, R_1, \ldots, X_{t-1}, A_{t-1}, R_t, X_t$ の履歴を基にした行動則によって決定される[3]．

次に，行動則に従ったときの**収益** (return) は，割り引かれた報酬の総和として定義される．

$$\mathcal{R} = \sum_{t=0}^{\infty} \gamma^t R_{t+1}$$

ここで $\gamma < 1$ ならば，遠い将来の報酬は，最初の方に受け取った報酬よりも指数関数的に価値が小さいものになる．収益がこの式により定義されるとき，MDP を**割引報酬** (discounted reward) MDP と呼ぶ．また，$\gamma = 1$ のとき，MDP は**割引なし** (undiscounted) であるという．

意思決定主体の目的は，どのように過程が始まったかにかかわらず，期待収益を最大化するような行動則を選択することである．そのような行動則を**最適** (optimal) であるという．

例 1（機会損失がある状況での在庫管理問題）：

例として，最大在庫数が有限のとき，受注が不確定な状況下で在庫を日々調整する問題について考えてみよう．毎晩，意思決定者は翌日にむけて発注数を決定し，

[3] 数学的には，π_t を長さ t の履歴から行動空間 $\mathcal{A}$ 上の確率分布への写像，つまり $\pi_t = \pi_t(\cdot | x_0, a_0, r_0, \ldots, x_{t-1}, a_{t-1}, r_{t-1}, x_t)$ としたとき，行動則とは確率カーネルの無限列 $\pi_0, \pi_1, \ldots, \pi_t, \ldots$ のことである．

図 1.1　在庫管理問題

発注した分は翌朝到着するとともに在庫として追加される．日中は受注が確率的に発生する．これらの流れを図 1.1 に示す．この受注は固定された同じ分布から独立に生成されると仮定しよう．在庫管理者の目的は，将来における収入の総和の期待値を現時点の貨幣価値において最大化するように在庫を調整することである．

時刻 t でかかる費用は次のように決定される．まず，A_t 個の商品購入に伴う費用は $K\mathbb{I}_{\{A_t>0\}} + cA_t$ で与えられる．この式は，一つ以上の商品の発注にかかる初期費用 K と商品ごとの固定価格 c の和を表しており，$K, c > 0$ である．さらに，在庫数 $x > 0$ を保管する費用がかかる．単純な場合だと，この費用は比例定数 $h > 0$ で在庫数に比例する．最後に，z 個の商品が販売されれば，何らかの定数 $p > 0$ について管理者に pz の金額が支払われる．問題を意味あるものにするため，$p > h$ という仮定もしておこう．この仮定がなければ，新しい商品を発注する動機がなくなってしまうからだ．

この問題は MDP として以下のように表される．状態 X_t を t 日目 $(t \geq 0)$ の晩の在庫数とする．ここで $M \in \mathbb{N}$ を最大在庫数とすると，状態空間は $\mathcal{X} = \{0, 1, \ldots, M\}$ となる．行動 A_t は t 日目の晩における商品発注数である．ここで，最大在庫数より多い発注は考慮する必要がないので，行動は $\mathcal{A} = \{0, 1, \ldots, M\}$ から選択されることになる．状態 X_t で行動 A_t を選択した場合，翌日の在庫数は以下のように表せる．

$$X_{t+1} = ((X_t + A_t) \wedge M - D_{t+1})^+ \tag{1.2}$$

ここで $a \wedge b$ は，a と b のうち小さい方を表す略式の表記であり，$(a)^+$ は $(a)^+ = a \vee 0 = \max(a, 0)$ と定義される記号である．$D_{t+1} \in \mathbb{N}$ は $t+1$ 日目の受注数である．また，受注は固定された同じ分布から独立に生成されるという仮定から，$(D_t; t > 0)$ は独立同分布 (*i.i.d.*) な整数値確率変数の列である．$t+1$ 日目の収入は

$$R_{t+1} = -K\,\mathbb{I}_{\{A_t>0\}} - c\left((X_t + A_t) \wedge M - X_t\right)^+ \\ - h\,X_t \qquad + p\left((X_t + A_t) \wedge M - X_{t+1}\right)^+ \tag{1.3}$$

となる．

式 (1.2)–(1.3) は関数 f を適切に選ぶことにより簡潔に書ける．

$$(X_{t+1}, R_{t+1}) = f(X_t, A_t, D_{t+1}) \tag{1.4}$$

これにより，$\mathcal{P}_0$ は以下のように書き表せる．

$$\mathcal{P}_0(U \mid x, a) = \mathbb{P}\left(f(x, a, D) \in U\right) = \sum_{d=0}^{\infty} \mathbb{I}_{\{f(x,a,d)\in U\}}\, p_D(d)$$

ここで $p_D(\cdot)$ はランダムな受注数の確率質量関数で $D \sim p_D(\cdot)$ である．以上で在庫最適化問題における MDP を構築することができた．

在庫管理は，MDP として定義できる多くのオペレーションズ・リサーチの問題のうちの一つに過ぎない．他の問題としては輸送システム最適化や，スケジューリング最適化，生産最適化などがある．MDP は，多くの工学上の最適化問題において自然に現れる．例えば，化学，電気，機械などの分野におけるシステムの最適制御問題が挙げられる（機械システムではロボット制御の問題もある）．情報理論にも MDP で表現できる問題が数多くある（例えば，最適符号化，動的チャネル割り当ての最適化，センサーネットワークなどがある）．もう一つの重要な応用先として，金融がある．例えば，ポートフォリオ最適化やオプション価格決定の問題も MDP を使って表現できる．

在庫管理問題においては，MDP は遷移関数 f（式 (1.4) を参照）を使ってうまく表現することができた．実際，遷移関数は遷移カーネルと同じくらい有用な概念である．なぜなら任意の MDP はある遷移関数 f を決定し，任意の遷移関数 f はある MDP を決定するからである．

また，問題によっては，すべての行動がすべての状態において意味をもつとは限らないことがある．例えば，最大在庫数を超える数の商品を発注することに意味はない．しかし，ちょうど上の例題で扱ったように，そのような無意味な行動（あるいは禁止された行動）は常に他の行動に置き換えることができる．場合によっては，これは不自然だったり，必要以上に複雑な挙動をもたらしてしまう．このようなときは“許される”行動の集合を，それぞれの状態に対して割り当てるような写像を導入すると良い．

離脱することができない状態をもつ MDP も存在する．もし x がそのような状態だとして，$X_t = x$ なら，時刻 t 以降どのような行動が選択されたとしても，任意の $s \geq 1$ について，ほとんど確実に $X_{t+s} = x$ となる．一般的に，そのような**終端状態** (terminal state) ないし**吸収状態** (absorbing state) では何も報酬が与えられないと仮定される．これらのような状態をもつMDPを**エピソディック** (episodic) であるといい，**エピソードMDP**と呼ぶ．ここでいう**エピソード** (episode) とは開始時点から終端状態に到達するまでの（一般には確率的な）期間のことである．エピソードMDPにおいては，報酬が割引されていない，すなわち$\gamma = 1$の設定を考える場合が多い．

例2（ギャンブル）：

ギャンブラーが現在の持ち金$X_t \geq 0$を任意の比率$A_t \in [0,1]$で賭けるゲームを考える．ギャンブラーは確率$p \in [0,1]$で勝利し，賭け金を回収しつつ，さらに賭け金と同額の賞金を獲得して持ち金を増やすことができる．その一方，確率$1-p$で賭けに負け，賭け金を失う．すると，ギャンブラーの持ち金は以下のように変動する．

$$X_{t+1} = (1 + S_{t+1}A_t)X_t$$

ここで$(S_t; t \geq 1)$は$\mathbb{P}(S_{t+1} = 1) = p$で$\{-1, +1\}$の値を取る独立な確率変数の系列である．ギャンブラーの目的は，自身の持ち金が，あらかじめ設定された目標値$w^* > 0$に到達する確率を最大化することである．持ち金の初期値は区間$[0, w^*]$に含まれていると仮定する．

この問題は，状態空間が$\mathcal{X} = [0, w^*]$で，行動空間が$\mathcal{A} = [0,1]$であるエピソードMDPとして表すことができる[4]．ここで，$0 \leq X_t < w^*$のとき，状態遷移を次のように定義する．

$$X_{t+1} = (1 + S_{t+1}A_t)X_t \wedge w^* \tag{1.5}$$

また，$X_t = w^*$のとき，$X_{t+1} = X_t$とする．これにより，w^*は終端状態となる．即時報酬は$X_{t+1} < w^*$である限り0で，状態がw^*に達したときに初めて1となる．

$$R_{t+1} = \begin{cases} 1 & X_t < w^* \text{ かつ } X_{t+1} = w^* \\ 0 & \text{otherwise} \end{cases}$$

もし割引率を1にすると，どのようにギャンブルが経過したとしても，持ち金が最終的にw^*に到達するかどうかだけに依存して，報酬和は1か0となり，その報酬和の期待値はちょうどギャンブラーの財がw^*に到達する確率となる．

MDPに不慣れな読者はこれら二つの例を見て，すべてのMDPはこれらと同じように有限で，1次元の状態・行動空間で表現できる，扱いやすい力学系だと勘違いしてしまうかもしれないが，現実はそれほど甘くはない．実践的な応用では，状態・行動空間はとても大きな多次元空間であることが多い．例えば，ロボット制御の応用において，状態空間

[4] つまり，このときの状態空間と行動空間は連続である．本書のMDPの定義は，十分に一般的であり，この場合も含んでいるということに注意されたい．

の次元はロボットの関節数の3倍から6倍である．産業ロボットの状態空間は軽く12から20次元にまで達し，人型ロボットのそれに至っては優に100次元を超える．在庫管理への応用についても，現実の世界では商品は様々な種類をもち，価格や費用も“市場”の状態によって変わる．これらもすべてMDPの状態となる．したがって，そのような実践的応用においては，状態空間も非常に大きく，高次元になる．同様のことが行動空間についてもいえる．このように，一般的な状況においては状態・行動空間は大規模で多次元であると考えるべきであり，この節で述べたような1次元で小規模な状態空間のMDPは，特別な例外だと捉えて頂きたい．

1.3 価値関数

MDPにおける最適な行動則を見つけるための自明な方法は，すべての取りうる行動則を列挙した後，それぞれの初期状態に対して最も高い価値を与える行動則を見つけ出すことである．しかし一般には，あまりにも多くの行動則が存在するので，このやり方は現実的ではない．より優れたアプローチは，価値関数の計算に基づくものである．このアプローチでは，まず最適価値関数と呼ばれるものを計算する．これにより，最適な行動則を決定することが比較的容易になる．

状態 $x \in \mathcal{X}$ の**最適価値** (optimal value) $V^*(x)$ は，過程が x から始まったときに達成可能な最も高い期待収益を表す．この関数 $V^* : \mathcal{X} \to \mathbb{R}$ は**最適価値関数** (optimal value function) と呼ばれ，**どの状態から始めても**最適な価値を達成できる行動則を**最適** (optimal) であるという．

決定論的な定常方策は行動則の中でも特別なクラスを定める．少し後で見るように，このクラスの行動則はMDPの理論において重要な役割を果たすことになる．決定論的な定常方策は，状態から行動への決定論的な写像 π によって特徴づけられており（すなわち，$\pi : \mathcal{X} \to \mathcal{A}$），$\pi$ に従うとは，任意の時刻 $t \geq 0$ における行動 A_t が

$$A_t = \pi(X_t) \tag{1.6}$$

により選択されることを意味する．より一般的な**確率的な定常方策**（もしくは単に定常方策）π は，状態を行動空間上の分布に写像する．そのような方策 π を用いるとき，状態 x において行動 a が選択される確率を $\pi(a|x)$ で表す．なお，もしMDPが定常方策 π に従っている，すなわち

$$A_t \sim \pi(\cdot \mid X_t) \qquad t \in \mathbb{N}$$

ならば，状態過程 $(X_t; t \geq 0)$ は（斉時的; time-homogeneous）マルコフ連鎖である．また，すべての定常方策の集合を Π_{stat} を用いて表記することとする．簡単のため，本書で

は多くの場合，“定常方策”を略して単に“方策”と呼ぶが，混乱しないよう注意されたい．

定常方策とMDPから，**マルコフ報酬過程** (Markov reward process; MRP) と呼ばれる過程が定まる．MRPは状態空間 $\mathcal{X}$ と $\mathcal{X} \times \mathbb{R}$ 上の確率測度 $\mathcal{P}_0$ のペア $\mathcal{M} = (\mathcal{X}, \mathcal{P}_0)$ で定義され，$\mathcal{M}$ は $(X_{t+1}, R_{t+1}) \sim \mathcal{P}_0(\cdot \mid X_t)$ に従う確率過程 $((X_t, R_{t+1}); t \geq 0)$ を定める．（ちなみに，R_0 を任意の確率変数としたとき，$(Z_t; t \geq 0)$，$Z_t = (X_t, R_t)$ で定義される確率過程は斉時的マルコフ過程である．一方，$((X_t, R_{t+1}); t \geq 0)$ は二次 (second-order) マルコフ過程である．）定常方策 π とMDP $\mathcal{M} = (\mathcal{X}, \mathcal{A}, \mathcal{P}_0)$ が与えられたとき，これら π と $\mathcal{M}$ から定まるMRP $(\mathcal{X}, \mathcal{P}_0^{\pi})$ の遷移カーネルは，$\mathcal{P}_0^{\pi}(\cdot \mid x) = \sum_{a \in \mathcal{A}} \pi(a|x) \mathcal{P}_0(\cdot \mid x, a)$ で定義される．もしその状態空間が有限ならば，MRPは有限であるという．

次に，定常方策のもとでの価値関数を定義しよう[5]．定常方策に従った価値関数の定義のため，方策 $\pi \in \Pi_{\mathrm{stat}}$ を固定する．π のもとでの**価値関数** (value function) $V^{\pi} : \mathcal{X} \to \mathbb{R}$ は次のように定義される．

$$V^{\pi}(x) = \mathbb{E}\left[\sum_{t=0}^{\infty} \gamma^t R_{t+1} \,\middle|\, X_0 = x \right] \quad x \in \mathcal{X} \tag{1.7}$$

ここで，(*i*) $(R_t; t \geq 1)$ は方策 π に従ったときに得られる過程 $((X_t, A_t, R_{t+1}); t \geq 0)$ の“報酬部分”であり，(*ii*) X_0 は任意の状態 x に対して $\mathbb{P}(X_0 = x) > 0$ を満たす分布から無作為に生成されるものとする．この二番目の条件のおかげで，式(1.7)の条件付き期待値はすべての状態 x に対して well-defined[6] である．したがって，初期状態の分布がこの条件を満たしさえすれば，どのような初期分布を用いたとしても価値関数の値は変わらず，価値関数が適切に定義されることがわかる．

MRPにおける価値関数も同様の方法で定義することができ，これを V と表す．

$$V(x) = \mathbb{E}\left[\sum_{t=0}^{\infty} \gamma^t R_{t+1} \,\middle|\, X_0 = x \right] \quad x \in \mathcal{X}$$

一方，MDPにおいて方策 $\pi \in \Pi_{\mathrm{stat}}$ での**行動価値関数** (action-value function) $Q^{\pi} : \mathcal{X} \times \mathcal{A} \to \mathbb{R}$ を定義しておくことも有用である．最初の行動 A_0 がすべての $a \in \mathcal{A}$ に対して $\mathbb{P}(A_0 = a) > 0$ を満たすような確率測度から選ばれ，以降の行動が方策 π に従って選ばれることを仮定したときに生じる確率過程を $((X_t, A_t, R_{t+1}); t \geq 0)$ と表記しよう．X_0 は V^{π} での定義と同様とする．このとき，$Q^{\pi}(x, a)$ を以下のように定義する．

$$Q^{\pi}(x, a) = \mathbb{E}\left[\sum_{t=0}^{\infty} \gamma^t R_{t+1} \,\middle|\, X_0 = x, A_0 = a \right] \quad x \in \mathcal{X}, a \in \mathcal{A}$$

$V^*(x)$ の定義と同じく，状態と行動の組 (x, a) の**最適行動価値** (optimal action-value) $Q^*(x, a)$ は，MDPが状態 x から始まり，最初の行動が a という条件のもとで取りうる，

---

[5] こうした定義の仕方と同様にして，定常方策以外の任意の行動方策のもとでの価値関数も定義可能である．

[6] 訳注: well-defined とは，矛盾なく定義できる，という意味の学術的な表現である．

期待収益の最大の値として定義される．関数 $Q^*: \mathcal{X} \times \mathcal{A} \to \mathbb{R}$ は**最適行動価値関数** (optimal action-value function) と呼ばれる．

最適価値関数と最適行動価値関数は次式によって結び付けられる．

$$V^*(x) = \sup_{a \in \mathcal{A}} Q^*(x,a) \qquad x \in \mathcal{X}$$
$$Q^*(x,a) = r(x,a) + \gamma \sum_{y \in \mathcal{X}} \mathcal{P}(x,a,y) V^*(y) \quad x \in \mathcal{X}, a \in \mathcal{A}$$

本書で扱っているMDPのクラスでは，以下のsupを満たす最適な定常方策 π が常に存在する．

$$V^*(x) = \sup_{\pi \in \Pi_{\mathrm{stat}}} V^{\pi}(x) \quad x \in \mathcal{X}$$

実際，あらゆる状態 $x \in \mathcal{X}$ において等式

$$\sum_{a \in \mathcal{A}} \pi(a|x) \, Q^*(x,a) = V^*(x) \tag{1.8}$$

を同時に満たす，すべての方策 $\pi \in \Pi_{\mathrm{stat}}$ はいずれも最適である．なお，式 (1.8) が成り立つためには，方策 $\pi(\cdot|x)$ の密度が $Q^*(x,\cdot)$ を最大にする行動の集合のみに局在せねばならないことに注意が必要である．

一般に，ある行動価値関数 $Q: \mathcal{X} \times \mathcal{A} \to \mathbb{R}$ が与えられたとき，状態 x に対して $Q(x,\cdot)$ を最大化する行動は，状態 x において Q に関して**グリーディ** (greedy) な行動であるという．"すべての状態で" Q についてグリーディな行動のみを選択する方策は Q に関して**グリーディな方策**と呼ばれる．

したがって，Q^* に関してグリーディな方策は最適であるといえる．すなわち，最適な方策を求めるには Q^* の知識があれば十分ということである．同様に，最適な方策を求めるには V^*，r，$\mathcal{P}$ がわかれば十分である．

次の問題はどのようにして V^* や Q^* を求めるかである．まずは，ある方策に基づいた価値関数を算出するという，より簡単な問題から始めよう．

事実1（決定論的な方策に対するベルマン方程式）：

MDP $\mathcal{M} = (\mathcal{X}, \mathcal{A}, \mathcal{P}_0)$，割引率 γ，決定論的な方策 $\pi \in \Pi_{\mathrm{stat}}$ を定め，r を $\mathcal{M}$ の即時報酬関数とする．このとき，V^{π} は次式を満たす．

$$V^{\pi}(x) = r(x,\pi(x)) + \gamma \sum_{y \in \mathcal{X}} \mathcal{P}(x,\pi(x),y) V^{\pi}(y) \qquad x \in \mathcal{X} \tag{1.9}$$

この連立方程式[7] は V^π に対する**ベルマン方程式**と呼ばれる．ここで，π に従う**ベルマン作用素** $T^\pi : \mathbb{R}^\mathcal{X} \to \mathbb{R}^\mathcal{X}$ を以下の式により定義する[8]．

$$(T^\pi V)(x) = r(x, \pi(x)) + \gamma \sum_{y \in \mathcal{X}} \mathcal{P}(x, \pi(x), y) V(y) \quad x \in \mathcal{X}$$

T^π を使うと式 (1.9) は以下のように簡潔な形で書き下せる．

$$T^\pi V^\pi = V^\pi \tag{1.10}$$

これは V^π に対する線形な連立方程式であり，T^π はアフィン作用素[9] である．もし $0 < \gamma < 1$ ならば，T^π は一様ノルムにおいて縮小写像であり，不動点方程式 $T^\pi V = V$ は唯一の解をもつ．

状態空間 $\mathcal{X}$ が有限，例えば D 個の状態を有する場合，$\mathbb{R}^\mathcal{X}$ は D 次元ユークリッド空間，そして $V \in \mathbb{R}^\mathcal{X}$ は D 次元ベクトル $V \in \mathbb{R}^D$ とみなすことができる．このことから，$T^\pi V$ もまた，適切に定められた何かしらのベクトル $r^\pi \in \mathbb{R}^D$ と行列 $P^\pi \in \mathbb{R}^{D \times D}$ を用いて $r^\pi + \gamma P^\pi V$ と書くことができる．この場合，式 (1.10) は以下の形で書き表すことができる．

$$r^\pi + \gamma P^\pi V^\pi = V^\pi \tag{1.11}$$

上記の手続きは MRP においても使える．MRP の場合，ベルマン作用素 $T : \mathbb{R}^\mathcal{X} \to \mathbb{R}^\mathcal{X}$ は以下のように定義される．

$$(TV)(x) = r(x) + \gamma \sum_{y \in \mathcal{X}} \mathcal{P}(x, y) V(y) \quad x \in \mathcal{X}$$

これから見るように，最適価値関数はある不動点方程式を満たすことが知られている．

事実 2（ベルマン最適方程式）：

最適価値関数は次の不動点方程式を満たす．

$$V^*(x) = \sup_{a \in \mathcal{A}} \left\{ r(x, a) + \gamma \sum_{y \in \mathcal{X}} \mathcal{P}(x, a, y) V^*(y) \right\} \qquad x \in \mathcal{X} \tag{1.12}$$

ここで，次式によって**ベルマン最適作用素** $T^* : \mathbb{R}^\mathcal{X} \to \mathbb{R}^\mathcal{X}$ を定義する．

---

[7] 訳注: 任意の状態 $x \in \mathcal{X}$ について成り立たなければいけない，という意味で連立方程式となっていることに注意する．

[8] 訳注: $\mathcal{X}$ が集合であるとき，$\mathbb{R}^\mathcal{X}$ は $\mathcal{X}$ 上の実数値関数全体の集合のことを表す．

[9] 訳注: アフィン作用素とは線形変換と平行移動による変形を表す．

$$(T^*V)(x) = \sup_{a \in \mathcal{A}} \left\{ r(x,a) + \gamma \sum_{y \in \mathcal{X}} \mathcal{P}(x,a,y)V(y) \right\} \quad x \in \mathcal{X} \tag{1.13}$$

式中のsup演算のため，この作用素は非線形な作用素となる．T^* を用いれば，式(1.12)は次のように簡潔に書くことができる．

$$T^*V^* = V^*$$

もし $0 < \gamma < 1$ ならば T^* は一様ノルムにおいて縮小写像であり，不動点方程式 $T^*V = V$ は唯一の解をもつ．

これ以降，T^π の作用が "$\cdot(x)$" という関数の評価の前に行われるものと約束したうえで，表記を簡約化するため，$(T^\pi V)(x)$ を $T^\pi V(x)$ と表記する．

価値関数と同様に，ある方策（あるいはMRP）のもとでの行動価値関数や最適行動価値関数も，次のようにある不動点方程式を満たす．

事実3（ベルマン作用素と行動価値関数の不動点方程式）：

少しばかり表記を乱用することにはなるが，$T^\pi : \mathbb{R}^{\mathcal{X}\times\mathcal{A}} \to \mathbb{R}^{\mathcal{X}\times\mathcal{A}}$ と $T^* : \mathbb{R}^{\mathcal{X}\times\mathcal{A}} \to \mathbb{R}^{\mathcal{X}\times\mathcal{A}}$ を以下のように定義する．

$$T^\pi Q(x,a) = r(x,a) + \gamma \sum_{y \in \mathcal{X}} \mathcal{P}(x,a,y)Q(y,\pi(y)) \qquad (x,a) \in \mathcal{X} \times \mathcal{A} \tag{1.14}$$

$$T^* Q(x,a) = r(x,a) + \gamma \sum_{y \in \mathcal{X}} \mathcal{P}(x,a,y) \sup_{a' \in \mathcal{A}} Q(y,a') \qquad (x,a) \in \mathcal{X} \times \mathcal{A} \tag{1.15}$$

先ほどと同じく，T^π がアフィン線形である一方で，T^* は非線形であるが，作用素としては T^π と T^* はどちらも一様ノルムにおいて縮小写像である．さらに，方策 π のもとでの行動価値関数 Q^π は $T^\pi Q^\pi = Q^\pi$ を満たし，Q^π はこの不動点方程式の唯一の解である．同様に，最適行動価値関数 Q^* は $T^*Q^* = Q^*$ を満たし，この不動点方程式の唯一の解である．

1.4 MDPを解くための動的計画法

上述の"事実"は，**価値反復** (value iteration) や**方策反復** (policy iteration) と呼ばれるアルゴリズムのベースとなる．V_0 を任意の価値関数として，**価値反復**は，以下のように価値関数の系列を生成する．

$$V_{k+1} = T^* V_k \quad k \geq 0$$

バナッハの不動点定理のおかげで，$(V_k; k \geq 0)$ は等比級数的な速度で V^* に収束することが保証されている．

価値反復は行動価値関数に適用することもできる．その場合，行動価値関数の系列

$$Q_{k+1} = T^* Q_k \quad k \geq 0$$

も，やはり等比級数的な速度で Q^* へ収束することが保証されている．価値反復において最適方策を（近似的に）求めるアイデアというのは，V^* (Q^*) に十分近い V_k (Q_k) を求め，V_k (Q_k) に関するグリーディな方策を求める，というものである[10)]．特に，以下の不等式が成り立つことが知られている．ある行動価値関数 Q を設定し，π が Q に関するグリーディな方策であるとする．このとき，方策 π の価値は以下のように下から抑えられる (Singh and Yee, 1994, Corollary 2).

$$V^\pi(x) \geq V^*(x) - \frac{2}{1-\gamma} \|Q - Q^*\|_\infty \quad x \in \mathcal{X} \tag{1.16}$$

方策反復は以下のように行われる．初期方策 π_0 を何かしら任意のものに固定する．k 番目の反復 ($k > 0$) において，方策反復は π_k に従う行動価値関数 Q^{π_k} を計算し（これは方策評価ステップと呼ばれる），π_{k+1} を Q^{π_k} に関してグリーディな方策として定義する（これは方策改善ステップと呼ばれる）．k 回の方策反復の後に得られる方策と，k 回の価値反復の後に得られる価値関数に対してグリーディな方策を比べると，前者の方策は，後者の方策よりも悪くなることはない（ただし，どちらも価値関数の初期値は同じとする）．しかし，方策反復の 1 ステップの計算コストは価値反復よりも（方策評価ステップのため）非常に大きくなってしまう．

10) 訳注: 工学的な側面を重視する読者は，V_k に関するグリーディな方策を求めるためには，状態遷移に関する情報が必要となってしまうため，具体的にどう求めるのかを疑問に感じるかもしれない．しかし，ここでの議論は理論的なものであり，具体的にグリーディな方策が求まるかどうかは議論のスコープとしていないことに留意してほしい．

第2章

価値推定問題

本章では，マルコフ報酬過程 (MRP) のもとでの価値関数 V を推定する問題を考える．価値推定問題は様々な場面で現れる．将来のイベントの発生確率の推定や，イベントが発生するまでの時間の期待値の推定，ある方策のもとでの MDP における（行動）価値関数の推定はすべて価値推定問題である．具体的な応用例としては，大規模な電気通信ネットワークにおける接続失敗率の推定 (Frank et al., 2008) や，混雑した空港での飛行機の地上走行時間の推定 (Balakrishna et al., 2008) などがあり，他にもいくつもの応用例がある．

ある状態の価値は，その状態から過程が始まるときの確率的な収益の期待値として定義される．これを推定する一番単純な方法は，与えられた状態を初期値とした多数の独立な実現値を生成し，それらの平均を計算する**モンテカルロ法**と呼ばれる手法である．しかし残念なことに，収益は分散が大きい場合もあり，そのようなケースでのモンテカルロ法による推定は信頼度が低い．また，実験者とシステムとの間に閉ループ的な相互作用があるとき（すなわち，システムと相互作用しながら推定を行うとき），システムの状態を特定の状態にリセットすること自体が不可能な場合もある．このような場合，モンテカルロ法ではバイアスが入ることを避けられない．**TD 学習**（時間的差分学習; temporal difference learning）(Sutton, 1984, 1988) はこれらの問題に対処する一つの方法であり，間違いなく強化学習において最も重要なアイデアの一つである．

2.1 有限な状態空間での TD 学習

TD 学習の特徴は，ブートストラップ (bootstrapping) を用いることである．ここでブートストラップとは，価値関数の現在の推定値を学習中の目標値として使用する手法のことである．この節では，まず，最も基本的な TD 学習のアルゴリズムを紹介し，ブートストラップがどのように機能するかを説明する．次に，TD 学習と（単純な）モンテカルロ法を比較し，それぞれに利点があることを示す．最後に，それら二つの方法を統合した

Algorithm 2.1　テーブル TD(0) 法のアルゴリズムを実装した関数．この関数は各遷移の後に呼び出される．

function TD0(X, R, Y, V)
Input: 現在の状態 X，次の状態 Y，この遷移に伴う即時報酬 R，現在の価値関数の推定値を保存した配列 V
1: $\delta \leftarrow R + \gamma \cdot V[Y] - V[X]$
2: $V[X] \leftarrow V[X] + \alpha \cdot \delta$
3: **return** V

TD(λ) 法というアルゴリズムを紹介する．ここでは，すべての状態での価値関数の推定値が配列や表形式でコンピュータ上のメインメモリに収まるような，小規模な有限 MRP についてのみ考えることにする．このような表現は，強化学習の文脈では**テーブル形式** (tabular case) として知られている．ここで紹介するアイデアをテーブル形式では表現できないような大規模な状態空間へと拡張する場合については，後の節で述べる．

2.1.1　テーブル TD(0) 法

以下では，ある有限マルコフ報酬過程を $\mathcal{M}$ としたとき，$\mathcal{M}$ の実現値 $((X_t, R_{t+1}); t \geq 0)$ から $\mathcal{M}$ の価値関数 V を推定する問題を考えよう．時刻 t における状態 x の価値の推定値は $\hat{V}_t(x)$ で表記することにする（さらに，$\hat{V}_0 \equiv 0$ とする）．TD(0) 法は t 番目のステップで以下の計算を行う．

$$\begin{aligned} \delta_{t+1} &= R_{t+1} + \gamma \hat{V}_t(X_{t+1}) - \hat{V}_t(X_t) \\ \hat{V}_{t+1}(x) &= \hat{V}_t(x) + \alpha_t \, \delta_{t+1} \, \mathbb{I}_{\{X_t = x\}} \\ x &\in \mathcal{X} \end{aligned} \tag{2.1}$$

上記の**ステップ幅** (step-size) の系列 $(\alpha_t; t \geq 0)$ は適当な（小さな）非負の数列である．アルゴリズム 2.1 にこのアルゴリズムの擬似コードを示す．

更新式を詳しく見ると，各ステップで変化するのは，訪問した状態 X_t に対応した状態の価値だけであることがわかる（擬似コード 2 行目を参照）．さらに，$\alpha_t \leq 1$ であれば，X_t の価値 $V(X_t)$ が"目標値" $R_{t+1} + \gamma \hat{V}_t(X_{t+1})$ へ近づいていくこともわかる．目標値が推定した価値関数 $\hat{V}_t$ に依存していることにも注目してもらいたい．つまり，このアルゴリズムは前述の**ブートストラップ**を用いている．このアルゴリズムの名称"時間的差分 (temporal difference)"は，δ_{t+1} が隣接した時間ステップにおける状態の価値の差分として定義されていることに由来している．特に，δ_{t+1} は **TD 誤差** (temporal difference error) と呼ばれる．

強化学習のその他のアルゴリズムと同じく，テーブル TD(0) 法のアルゴリズムは確率的

近似 (stochastic approximation; SA) アルゴリズムである．このアルゴリズムがもし収束するとすれば，すべての状態，少なくとも，無限回サンプリングされたすべての状態 x に対して，以下の TD 誤差の期待値

$$F\hat{V}(x) \stackrel{\text{def}}{=} \mathbb{E}\left[R_{t+1} + \gamma \hat{V}(X_{t+1}) - \hat{V}(X_t) \,\middle|\, X_t = x\right]$$

が，0 になるような $\hat{V}$ に収束しなければならないことは容易にわかるだろう．さらに，簡単な計算によって $F\hat{V} = T\hat{V} - \hat{V}$ という式が導かれる．ここで T は今扱っている MRP に対応するベルマン作用素である．そして "事実 1" によって，$F\hat{V} = 0$ はただ一つの解，真の価値関数 V をもつことが約束されている．つまり，TD(0) 法が収束する（かつ，すべての状態が無限回サンプリングされる）場合には，推定された価値関数は V へと収束する．

このアルゴリズムの収束性について調べるにあたり，簡単のため $(X_t; t \in \mathbb{N})$ を定常でエルゴード的なマルコフ連鎖 (ergodic Markov chain) と仮定する[1) 2)]．さらに，先ほどと同様に D 次元ベクトルで価値関数 $\hat{V}_t$ を近似する (例えば，$D = |\mathcal{X}|$ として $\mathcal{X} = \{x_1, \ldots, x_D\}$ なら，$\hat{V}_{t,i} = \hat{V}_t(x_i)$，$i = 1, \ldots, D$)．そして，ステップ幅系列が以下の **Robbins-Monro 条件**（RM 条件; Robbins-Monro condition）

$$\sum_{t=0}^{\infty} \alpha_t = \infty \qquad \sum_{t=0}^{\infty} \alpha_t^2 < +\infty$$

を満たすことも仮定すると，系列 $(\hat{V}_t \in \mathbb{R}^D; t \in \mathbb{N})$ は，常微分方程式 (ODE)

$$\dot{v}(t) = c\,F(v(t)) \quad t \geq 0 \tag{2.2}$$

に従うことが知られている (Borkar, 1998)．ただし $c = 1/D$，$v(t) \in \mathbb{R}^D$ である．式 (1.11) で用いた表記を使えば，上記の常微分方程式は

$$\dot{v} = r + (\gamma P - I)v$$

と書き表せる．これは "線形" 常微分方程式である．ここで，$\gamma P - I$ のすべての固有値は複素平面の左半平面に存在するため，この常微分方程式は大域的漸近安定である．これにより，標準的な確率的近似アルゴリズムを使う場合 $\hat{V}_t$ はほとんど確実に V へ収束するといえる．

---

1) マルコフ連鎖 $(X_t; t \in \mathbb{N})$ がエルゴード的 (ergodic) であるというのは，既約 (irreducible) で，非周期的 (aperiodic) で，正再帰的 (positive recurrent) であるということである．おおまかに言うと，ここで言うエルゴード的なマルコフ連鎖というのは，状態についての適当な関数に対して大数の法則が成り立つという意味である．

2) 訳注: 既約，非周期的，正再帰的とは，それぞれ，どの状態にも 0 でない確率で到達できる，周期的な状態遷移をしない，ある状態から出発してその状態へ戻ってくるまでの時間の期待値が有限である，ことを指す．また，ここで "大数の法則が成り立つ" というのは，マルコフ連鎖上の状態についての長期的な時間平均がマルコフ連鎖の定常分布における期待値に収束するということである．

■ステップ幅について　この本で述べるアルゴリズムの多くはステップ幅をパラメータとして陽に用いるため，その選択についての議論に時間を割くことにする．RM条件を満たす，単純なステップ幅の系列として $\alpha_t = c/t$，$c > 0$ がある．より一般的に，$\alpha_t = ct^{-\eta}$ という形式のあらゆるステップ幅系列は，$1/2 < \eta \leq 1$ である限りRM条件を満たす．これらのステップ幅系列の中では，$\eta = 1$ が最小のステップ幅を与える．学習の終盤では，この最小のステップ幅が最良であろうが，（ステップ幅が大きければ，価値関数をそれだけ大きく更新するため）学習の初期では，η を $1/2$ の近くに選んだ方がアルゴリズムは良く機能するだろう．さらに，ステップ幅の工夫以外にも更新方法には改良の余地がある．実際，確率的に更新される $\hat{V}_t$ の履歴の平均を取るという単純な方法が最も良い漸近収束率を達成することが知られている (Polyak and Juditsky, 1992)．しかしながら，この方法は理論的には魅力的な性質をもつにもかかわらず，実用上はほとんど使われていない．実際のところ，固定のステップ幅がよく使われる．これは明らかにRM条件を満たしていないが，この選択は二つの理由から正当化される．一つ目は，アルゴリズムが非定常な環境で用いられることも多いためである（すなわち，評価される方策が変化する）．また二つ目は，アルゴリズムをサンプルが少ない場合に用いなければならないことも多いためである（ステップ幅が固定の場合，パラメータは特定の分布に法則収束し，その分布の分散は選ばれたステップ幅に比例する）．自動的にステップ幅を調整する手法については多くの研究がある（Sutton (1992); Schraudolph (1999); George and Powell (2006) やその中の引用文献を参照のこと）．しかしながら，どの手法が最も優れているかについては現在でも議論が続いている．

ちなみに，ちょっと手を加えるだけで，このアルゴリズムは $((X_t, R_{t+1}, Y_{t+1}); t \geq 0)$ の形の観測系列に対しても適用可能となる．ここで，$(X_t; t \geq 0)$ は $\mathcal{X}$ 上の“任意の”エルゴード的なマルコフ連鎖を指し，(Y_{t+1}, R_{t+1}) は $\mathcal{P}_0(\cdot \mid X_t)$ に従うとする．この変更は，TD誤差の定義にかかわってくる．

$$\delta_{t+1} = R_{t+1} + \gamma \hat{V}(Y_{t+1}) - \hat{V}(X_t)$$

こうすると追加の条件なしで，$\hat{V}_t$ はほとんど確実にMRP $(\mathcal{X}, \mathcal{P}_0)$ の価値関数に収束する．特筆すべきことは，この結果は $\mathcal{P}_0$ のみに依存しており状態 $(X_t; t \geq 0)$ の分布の選択によらないということである．

この事実にはいくつか興味深い利点がある．まず，シミュレータを使ってサンプルを生成している場合，状態 $(X_t; t \geq 0)$ の分布はMRPとは独立に選ぶことができる．これは，状態遷移確率カーネル $\mathcal{P}$ で決まる定常分布の偏りから生じるTD誤差の偏りを是正するのに使えるであろう．さらに，MDPにて**挙動方策** (behavior policy) と呼ばれる別の方策に従って行動しながら，ターゲットとする**推定方策** (target policy) について学習する，という使い方もできる．簡単のために，推定方策は決定論的であると仮定しよう．挙動方策に従って得られる“状態-行動-報酬-次の状態”の四つ組の系列には，もし仮に推定方策に従っていた場合には選択されないはずの行動も存在してしまうが，そうした行動を含むサンプルを無視すれば，推定方策の推定に有効なサンプルの集合 $((X_t, R_{t+1}, Y_{t+1}), t \geq 0)$ が得られる．この手法を用いることで，一つの挙動方策を用いて複数の推定方策を同時に学習することができる（より一般的にいえば，複数の長期的な予測問題について学習できる）．ある方策に従った行動をとりながら，別の方策について学習することを**方策オフ型学習** (off-policy learning) という．それゆえ，$Y_{t+1} \neq X_{t+1}$ の場合を含む，$((X_t, R_{t+1}, Y_{t+1}); t \geq 0)$ の三つ組に基づく学習は，方策オフ型学習と呼ばれる．三つ目のテクニカルな応用には，**エピソードタスク** (episodic problem) がある．この問題では，三つ組 (X_t, R_{t+1}, Y_{t+1}) は以下のように選択される．初めに，Y_{t+1} を遷移カーネル $\mathcal{P}(X, \cdot)$ に従ってサンプリングする．Y_{t+1} が終端状態でなければ，$X_{t+1} = Y_{t+1}$ とする．そうでない場合は，$X_{t+1} \sim \mathcal{P}_0(\cdot)$ とする．ここで $\mathcal{P}_0$ は $\mathcal{X}$ 上の適当な分布である．つまり，Y が終端状態に達するたび，初期分布 $\mathcal{P}_0$ から過程を再スタートする．$\mathcal{P}_0$ に従って再開する時刻から終端状態に達した時刻までの期間を一つの**エピソード** (episode) という（それゆえ，**エピソードタスク**と呼ばれる）．このようにサンプルを生成する方法は，$\mathcal{P}_0$ から再開する**継続サンプリング** (continual sampling) と呼ばれる．

テーブル TD(0) 法は，ベルマン方程式という線形システムに対する確率的近似手法であり，これは標準的な線形確率近似法である．そのため，その収束の速さは $O(1/\sqrt{t})$ となる（正確な結果については Tadić (2004) とその中の引用文献を参照）．しかしながら，その速さの比例係数は，ステップ幅の系列の選択や，カーネル $\mathcal{P}_0$ の特性，γ の値に大きく影響される．

2.1.2 逐一訪問モンテカルロ法

前に述べたように，標本平均を計算することにより，状態の価値を推定することができる．これはいわゆる**逐一訪問モンテカルロ法** (every visit Monte-Carlo method) と呼ばれる手法である．ここでは，これが何を意味するのかをより厳密に定義する．そして，その結果として得られた手法を TD(0) 法と比較する．

逐一訪問モンテカルロ法のアイデアを明確にするため，とあるエピソードタスクについて考えてみよう（エピソードタスクでない場合，系列が無限に続くので，与えられた状態の収益を有限回数の計算で求めることはできない）．今，ある MRP を $\mathcal{M} = (\mathcal{X}, \mathcal{P}_0)$ と表し，$((X_t, R_{t+1}, Y_{t+1}); t \geq 0)$ は $\mathcal{M}$ において，$\mathcal{X}$ 上で定義される分布 $\mathcal{P}_0$ から再スタートする継続サンプリングで生成される系列とする．k 番目のエピソード開始時刻を $(T_k; k \geq 0)$ とする（つまり X_{T_k} は分布 $\mathcal{P}_0$ からサンプリングされる）．さらに，任意の時刻 t に対して，$t \in [T_k, T_{k+1})$ となるような，一意に定められるエピソードのインデックスを $k(t)$ で表記しよう．また

Algorithm 2.2　エピソードMDPの価値関数を推定するための逐一訪問モンテカルロアルゴリズムを実装した関数．このルーチンは，エピソード中に得られた状態・報酬の系列を引数として，各エピソードの終わりに呼び出される．このアルゴリズムはエピソードの長さに対して，時間，空間ともに線形な計算量を必要とする．

function EVERYVISITMC$(X_0, R_1, X_1, R_2, \ldots, X_{T-1}, R_T, V)$

Input: 時刻tにおける状態X_t，t番目の遷移に伴う報酬R_{t+1}，エピソードの長さT，現在の価値関数の推定値を保存した配列V

1: $sum \leftarrow 0$
2: **for** $t \leftarrow T-1$ **downto** 0 **do**
3: 　　$sum \leftarrow R_{t+1} + \gamma \cdot sum$
4: 　　$target[X_t] \leftarrow sum$
5: 　　$V[X_t] \leftarrow V[X_t] + \alpha \cdot (target[X_t] - V[X_t])$
6: **end for**
7: **return** V

$$\mathcal{R}_t = \sum_{s=t}^{T_{k(t)+1}-1} \gamma^{s-t} R_{s+1} \tag{2.3}$$

を時刻tからエピソードが終了するまでの収益とする．ここで$\mathbb{P}(X_t = x) > 0$であるようなすべての状態xについて$V(x) = \mathbb{E}[\mathcal{R}_t | X_t = x]$が成り立つことは容易にわかるだろう．そのため，その推定に以下の更新式を考えることができる．

$$\hat{V}_{t+1}(x) = \hat{V}_t(x) + \alpha_t(\mathcal{R}_t - \hat{V}_t(x))\,\mathbb{I}_{\{X_t=x\}} \qquad x \in \mathcal{X}$$

上記のようなモンテカルロ法は，複数ステップ分の先読みをした（推定）価値を使用することから（式(2.3)），**複数ステップ（先読み）法** (multi-step method) と呼ばれる[3)]．この更新規則の擬似コードをアルゴリズム2.2に示す．

このアルゴリズムもまた確率的近似法の一例であり，その振る舞いは常微分方程式$\dot{v}(t) = V - v(t)$に従う．この常微分方程式の大域的に漸近安定な唯一の平衡点はVであるため，TD(0)法と同じく$\hat{V}_t$はほとんど確実にVへ収束する．TD(0)法も逐一訪問モンテカルロ法も同じ目的を達成するためのものである．ではどちらのアルゴリズムがより優れているであろうか？

■TD(0)法かモンテカルロか?　まず，TD(0)法がより速く収束する例を考えてみよう．図2.1に示された割引のないエピソードMRPについて考察する．初期状態は状態1または状

[3)] 訳注: 後の節でみるように，“複数ステップ（先読み）法 (multi-step method)”は必ずしも“先読み”していない場合にも使われる用語であるが，こうしたモンテカルロ法における“複数ステップ先まで報酬を先読みをする”というアイデアを念頭に置いておくと理解がしやすいため，訳としては単なる複数ステップ法とはせず，括弧付きの先読みを冠した用語を使うこととした．

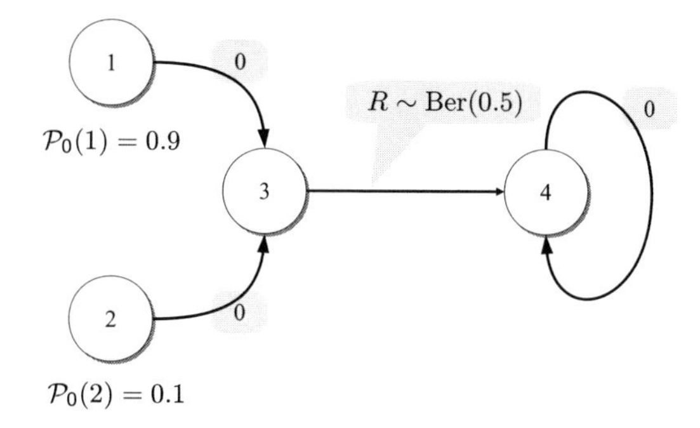

図2.1　エピソディックなマルコフ報酬過程．この例では，すべての遷移は決定論的である．状態3から状態4への遷移に対応する報酬はパラメータ0.5のベルヌーイ確率変数によって与えられ，それ以外の場合の報酬は0とする．状態4は終端状態とする．この過程は終端状態へ達したら，状態1または状態2から再び開始する．状態1から開始する確率を0.9，状態2から開始する確率を0.1とする．

態2であり，MRPは状態2に比べて高確率で状態1から始まる．さて，TD(0)法は状態2でどのような振る舞いをするだろうか．このMRPは，状態2にk回訪問するまでの間に，状態3には平均で$10k$回訪れる．$\alpha_t = 1/(t+1)$だとする．TD(0)法の状態3における更新は，状態3を離れる際に発生するベルヌーイ報酬の平均を求めることに帰着する．状態2へのk回目の訪問では，$\mathrm{Var}\left[\hat{V}_t(3)\right] \approx 1/(10k)$となる（明らかに，$\mathbb{E}\left[\hat{V}_t(3)\right] = V(3) = 0.5$）ので，状態2におけるTD(0)法の目標値$R_{t+1} + \mathrm{Var}\left[\hat{V}_t(3)\right] = \mathrm{Var}\left[\hat{V}_t(3)\right]$は$k$の増加とともに精度が向上していく$V(2)$の推定値となる．さて，一方のモンテカルロ法について考えると，モンテカルロ法は状態3の推定された価値を使わずにベルヌーイ報酬を直接利用する．特に，$\mathrm{Var}\left[\mathcal{R}_t | X_t = 2\right] = 0.25$であり，目標値の分散は時刻によらない．この例では，このことがモンテカルロ法の収束を遅くしており，こういった場合にはブートストラップが役立つことを示している．

ブートストラップが役に立たない例を考えるには，状態3から状態4の遷移に伴う報酬を決定論的に1とした問題へと修正したものを考えればよい．この場合，$\mathcal{R}_t = 1$が真の目標値であるため，モンテカルロ法はより高速になる．その一方で，状態2の推定価値を真の価値に近づけるためには，TD(0)法は状態3の推定価値が真の価値へと近づくまで待たなければならない．これによりTD(0)法の収束は遅くなってしまう．さらに，より長い状態連鎖についても考えられる．例えば，$i \in \{1, \ldots, N\}$で状態iからは状態$i+1$だけに遷移し，0でない報酬が得られるのは状態$N-1$から状態Nへ遷移したときだけであるような，より長い状態連鎖について考えてみよう．この例では，モンテカルロ法の収束の速さはNの値の影響を受けないが，TD(0)法はNが増加するに従い収束が遅くなってしまう（直感的な議論であればSutton (1988)を，収束率が記載された厳密な議論であればBeleznay et al. (1999)を参照されたい）．

2.1.3　TD(λ) 法: モンテカルロ法と TD(0) 法の統一

前述の例から，モンテカルロ法と TD(0) 法にはそれぞれ利点があることがわかる．興味深いことに，これら二つの手法を統一する手法が存在する．それは，TD(λ) 法 (Sutton, 1984, 1988) と呼ばれる手法である．TD(λ) 法は，モンテカルロ法と TD(0) 法による更新を橋渡しするパラメータ $\lambda \in [0,1]$ を導入する．$\lambda = 0$ のときが TD(0) 法に相当し（TD(0) 法の名称の由来），$\lambda = 1$ のとき，すなわち，TD(1) 法がモンテカルロ法に相当する．本質的には，任意の $\lambda > 0$ に対して，以下の複数ステップ先読みした（推定）収益

$$\mathcal{R}_{t:k} = \sum_{s=t}^{t+k} \gamma^{s-t} R_{s+1} \ + \ \gamma^{k+1}\, \hat{V}_t(X_{t+k+1})$$

の重み付き和によって，TD(λ) 法の更新の目標値が与えられる[4]．ここで，重み係数は時間とともに指数的に減衰する係数 $(1-\lambda)\lambda^k, k \geq 0$ で与えられる．このように，$\lambda > 0$ に対して TD(λ) 法は複数ステップ（先読み）法となっている．TD(λ) 法のアルゴリズムは，いわゆる適格度トレースと呼ばれる値を導入することにより，逐次的な形式で書き出すことができる[5]．

しかし適格度トレースを定義する方法は複数あり，それぞれの定義に対応する TD(λ) 法の形式が存在する．いわゆる**累積トレース** (accumulating trace) を基にした TD(λ) 法の更新則は次のように表される．

$$\begin{aligned}
\delta_{t+1} &= R_{t+1} + \gamma \hat{V}_t(X_{t+1}) - \hat{V}_t(X_t) \\
z_{t+1}(x) &= \mathbb{I}_{\{x=X_t\}} + \gamma\lambda\, z_t(x) \\
\hat{V}_{t+1}(x) &= \hat{V}_t(x) + \alpha_t\, \delta_{t+1}\, z_{t+1}(x) \\
z_0(x) &= 0 \\
& x \in \mathcal{X}
\end{aligned}$$

上記の式の $z_t(x)$ が状態 x の**適格度トレース** (eligibility trace) である．適格度トレースという名称は，$z_t(x)$ の値がそれぞれの状態 x の価値の更新における TD 誤差の影響の度合いを調節していることに由来している．このアルゴリズムの亜種として，次の式に従って適格度トレースが更新される方法も提案されている．

$$z_{t+1}(x) = \max(\mathbb{I}_{\{x=X_t\}}, \gamma\lambda\, z_t(x)) \qquad x \in \mathcal{X}$$

---

[4] 訳注: 具体的には，時刻 T まで先読みした情報に基づいた，TD(λ) 法における $\hat{V}_t$ の更新の目標値は，次式で与えられる．

$$(1-\lambda) \sum_{k=0}^{T-t} \lambda^k \mathcal{R}_{t:k} + \lambda^{T-t} \mathcal{R}_{t:T-t-1}$$

[5] 訳注: この TD(λ) 法のいわゆる前方観測的な見方と後方観測的な見方の関係については，付録 B に訳者補遺として補足をしたので参照のこと．

Algorithm 2.3 入れ替え更新トレースを用いたテーブルTD(λ)法のアルゴリズムを実装した関数．この関数は各遷移の後に呼び出される．

function TDLAMBDA(X, R, Y, V, z)

Input: 現在の状態 X，次の状態 Y，この遷移に伴う即時報酬 R，推定された価値関数を保存している配列 V，適格度トレースを保存している配列 z

1: $\delta \leftarrow R + \gamma \cdot V[Y] - V[X]$
2: **for all** $x \in \mathcal{X}$ **do**
3: $\quad z[x] \leftarrow \gamma \cdot \lambda \cdot z[x]$
4: $\quad$**if** $X = x$ **then**
5: $\quad\quad z[x] \leftarrow 1$
6: $\quad$**end if**
7: $\quad V[x] \leftarrow V[x] + \alpha \cdot \delta \cdot z[x]$
8: **end for**
9: **return** (V, z)

これは，**入れ替え更新トレース** (replacing traces update) を用いた更新と呼ばれる．これらの更新では，**トレース減衰パラメータ** λ がブートストラップの多寡を制御する．$\lambda = 0$ のとき，上のアルゴリズムはTD(0)法と一致する（なぜなら，$\lim_{\lambda \to 0+}(1-\lambda)\sum_{k \geq 0} \lambda^k \mathcal{R}_{t:k} = \mathcal{R}_{t:0} = R_{t+1} + \gamma \hat{V}_t(X_{t+1})$ が成り立つため）．また，累積トレースを用いる限り，$\lambda = 1$ のときに得られるTD(1)法はエピソードタスクにおいて前述の逐一訪問モンテカルロ法のアルゴリズムと等価になる．ただし，厳密な等価性を保証するためには，履歴の終了時点（エピソードの終端に達した時点）でのみ価値の更新が起こり，その時点までの更新量は単に蓄積されているだけであることを仮定する必要がある．畳み込み級数的なロジック[6]によって，初期状態から終端状態までの割引されたTD誤差の総和は，履歴上の報酬の総和から初期状態における価値を引いた値と同じになる．そのため，毎エピソード終了時点での等価性が約束される．入れ替え更新トレースを用いるとき，TD(1)法は，状態の更新がエピソード内で初めて訪問されたときにのみ行われるモンテカルロアルゴリズムに対応する．このモンテカルロアルゴリズムは，**初回訪問モンテカルロ法** (first-visit Monte-Carlo method) と呼ばれる．初回訪問モンテカルロ法と入れ替え更新トレースを用いたTD(1)法との厳密な対応は，割引なしの場合でのみ成立することが知られている (Singh and Sutton, 1996)．アルゴリズム2.3は入れ替え更新トレースを用いたTD(λ)法の擬似コードを示している．

現実の応用では，最適な λ の値は試行錯誤によって決定される．実際，収束性に影響を与えることなく λ の値をアルゴリズムの途中で変えることもできる．このことは，他の

[6] 訳注: 項同士が打ち消し合うこと．

多くの適格度トレースを用いた更新に対してもいえる（正確な収束条件は Bertsekas and Tsitsiklis (1996, Section 5.3.3, 5.3.6) を参照されたい）．実用上は，入れ替え更新トレースを用いたアルゴリズムの方が良い性能を示すといわれている（そのような実例を見たい場合は，Sutton and Barto (1998, Section 7.8) を参照）．なお，学習器が状態について部分的な知識しかもっていないときや，（それと似たような状況下で）大きな状態空間における価値関数を近似しようとしているときは，$\lambda > 0$ を選ぶことが有効だといわれている．これが次の節のトピックである．

本節をまとめると，TD(λ) 法は，MRP のもとで価値関数の推定をする手法である．TD(λ) 法はモンテカルロ法を一般化したものであり，エピソードタスク以外にも使用でき，ブートストラップ的なアプローチを用いている．さらに，適切に λ をチューニングすることで，TD(λ) 法はモンテカルロ法や TD(0) 法よりも大幅に速く収束する手法になりうる．

2.2　大規模状態空間でのアルゴリズム

状態空間が大規模（あるいは無限大）であるとき，各状態の価値をメモリ上に一つ一つ保持することは不可能である．そのような状況では，しばしば次のような形で推定値を求めることになる．

$$V_\theta(x) = \theta^\top \varphi(x) \qquad x \in \mathcal{X}$$

ここで，$\theta \in \mathbb{R}^d$ はパラメータのベクトル，$\varphi : \mathcal{X} \to \mathbb{R}^d$ は状態空間から d 次元ベクトル空間への写像である．それぞれの状態 x に対して，ベクトル $\varphi(x)$ の要素 $\varphi_i(x)$ は状態 x の**特徴量** (feature) と呼ばれ，φ は**特徴抽出法** (feature extraction method) と呼ばれる．φ の要素を定義する個々の関数 $\varphi_i : \mathcal{X} \to \mathbb{R}$ は，**基底関数** (basis function) と呼ばれる．

■関数近似法の例　状態によって，特徴量（あるいは基底関数）は様々な方法で設計することができる．もし $x \in \mathbb{R}$（すなわち，$\mathcal{X} \subset \mathbb{R}$）ならば，有限次数の多項式基底，フーリエ基底，あるいはウェーブレット基底などを使用することができる．例えば，もし状態上の適切な測度（定常分布など）を利用できるならば，多項式基底 $\varphi(x) = (1, x, x^2, \ldots, x^{d-1})^\top$ または多項式の直交系を使用できる．多項式の直交系からなる基底は，まもなく議論することになる逐次的アルゴリズムの収束速度を速めることに一役買うことになる．

多次元状態空間を扱う場合，状態の各要素の特徴量から状態の特徴量を設計する方法として，**テンソル積** (tensor product) が広く使用されている．テンソル積を用いた特徴量設計は次のように行われる．まず，状態空間が $\mathcal{X} \subset \mathcal{X}_1 \times \mathcal{X}_2 \times \ldots \times \mathcal{X}_k$ という直積の部分集合で表されるとき，i 番目の状態要素に対して定義された特徴抽出器を，$\varphi^{(i)} : \mathcal{X}_i \to \mathbb{R}^{d_i}$

で表記しよう．テンソル積を用いた特徴抽出器 $\varphi = \varphi^{(1)} \otimes \ldots \otimes \varphi^{(k)}$ は $d = d_1 d_2 \ldots d_k$ 個の要素をもち，それらには $(i_1, \ldots, i_k)$，$1 \le i_j \le d_j$，$j = 1, \ldots, k$ というインデックスを付けられる．このとき，$\varphi_{(i_1,\ldots,i_k)}(x)$ は $\varphi^{(1)}_{i_1}(x_1)\varphi^{(2)}_{i_2}(x_2)\ldots\varphi^{(k)}_{i_k}(x_k)$ で与えられる．$\mathcal{X} \subset \mathbb{R}^k$ であるときは，動径基底関数 (RBF) ネットワークと呼ばれるものがよく使用される．これは，特徴抽出器が $\varphi^{(i)}(x_i) = (G(|x_i - x_i^{(1)}|), \ldots, G(|x_i - x_i^{(d_i)}|))^\top$ という形で与えられているときに相当する．ここで，$x_i^{(j)} \in \mathbb{R}$ $(j = 1, \ldots, d_i)$ は固定された点であり，G は何らかの適切な関数であるとする．よく使われる G としては $G(z) = \exp(-\eta z^2)$ がある．$\eta > 0$ はスケールパラメータである．この場合，それぞれのテンソル積は格子上に置かれたガウス分布であり，i 番目の基底関数は次式で与えられる．

$$\varphi_i(x) = \exp(-\eta \|x - x^{(i)}\|^2)$$

ここで，$x^{(i)} \in \mathcal{X}$ は $d_1 \times \ldots \times d_k$ 格子上の 1 点を表す．関連した手法として，**カーネル平滑化** (kernel smoothing)

$$V_\theta(x) = \frac{\sum_{i=1}^d \theta_i\, G(\|x - x^{(i)}\|)}{\sum_{j=1}^d G(\|x - x^{(j)}\|)} = \sum_{i=1}^d \theta_i \frac{G(\|x - x^{(i)}\|)}{\sum_{j=1}^d G(\|x - x^{(j)}\|)} \tag{2.4}$$

を用いることもある．より一般的には，任意の $x \in \mathcal{X}$ に対して $\sum_{i=1}^d s_i(x) \equiv 1$ を満たす $s_i \ge 0$ を使い，$V_\theta(x) = \sum_{i=1}^d \theta_i s_i(x)$ を使うことができる．このような V_θ は**平均器** (averager) と呼ばれる．平均器は強化学習では重要な概念である．なぜなら，写像としての平均器 $\theta \mapsto V_\theta$ は一様ノルムにおいて非拡大になっており，これにより，近似動的計画法と一緒に用いたときにうまく機能するからである．

前述の特徴量の代わりに，二値特徴量，つまり $\varphi(x) \in \{0,1\}^d$ を用いることもできる．二値特徴量には計算効率の観点から利点がある．$\varphi(x) \in \{0,1\}^d$ のときは $V_\theta(x) = \sum_{i:\varphi_i(x)=1} \theta_i$ が成り立つことに着目しよう．これは，特徴量ベクトルの非零要素のインデックスを直接計算する方法さえあれば，$\varphi(x)$ が **s-スパース**（つまり，$\varphi(x)$ の s 個の要素のみが非零）になるような状態 x の価値は s 回の加算にかかる計算量で計算可能であることを意味している．

状態集約 (state aggregation) によって特徴量を定義する場合は，非零要素のインデックスを直接計算することができる．この場合，φ の各要素の関数（個々の特徴量）は，状態空間 $\mathcal{X}$ 全体を重複なく分割する集合の指示関数で与えられている．このとき $\theta^\top \varphi(x)$ が個々の領域で定数になるため，状態集約の本質は状態空間を "離散化" することであるといえる．状態集約関数は平均器の一例でもある．

二値特徴量を設計するための他の選択肢として，**タイルコーディング** (tile coding) がある（もともとは CMAC (Albus, 1971, 1981) と呼ばれていた）．タイルコーディングの最も簡単な例として，状態空間の分割（タイリング）から指示関数を作って φ の基底関数とするものが挙げられる．もし，s 個のタイリングが使われるなら，φ は s-スパースとなる．

タイルコーディングを効果的な関数近似法にするには，タイルのオフセット（のりしろ）を次元ごとに工夫すべきである．

■次元の呪い　テンソル積による特徴量設計，状態集約，そして単純なタイルコーディングのもつ欠点は，状態空間が高次元になると扱いにくくなることである．例えば，一辺の長さが ε の立方体を用いて $[0,1]^D$ を分割すると，特徴ベクトルとパラメータベクトルは $d = \varepsilon^{-D}$ 次元になる．もし，$\varepsilon = 1/2$，$D = 100$ ならば，次元数は $d \approx 10^{30}$ という膨大な数となる．応用においては数百次元の状態表現を用いることは一般的であるため，これは問題となる．ここまでの話を聞くと，状態が高次元の応用問題を扱うこと自体可能なのか，という疑問をもつ人がいるかもしれない．しかし，実問題の複雑性は，状態変数の単純な次元数から予測される複雑性と比べるとはるかに低いことがある（もちろん，これが成り立つ保証はないが）．これにより，我々はしばしば次元の呪いから解放される．これは，同じ問題であっても，状態は低次元の変数で表現されたり，高次元の変数で表現されたりしうるからである．多くの場合，すべての可能性を網羅するような無難な状態表現がされるため，状態表現は不要な要素が多く含まれ，冗長になりがちである．また，実際に取りうる状態は，選択された高次元“状態空間”内の低次元部分多様体上（もしくはそれに近いところに）に存在するかもしれない．

これを説明するために，三つの関節をもつ自由度6の産業用ロボットアームを考えよう．このシステムは2階の微分方程式で記述される力学系であるため，状態の本質的な次元数はアームの自由度数の2倍である12となる．（近似的な）状態表現として，複数の角度からアームを高フレームレートで連写することで得られる高解像度のカメラ画像を採用することを考える．ここで，複数の角度から撮影するのは遮蔽 (occlusion) に対処するためであり，高フレームレートで連写するのはアームのダイナミクスを高精度で捉えるためである．この場合，得られる観測の状態表現の次元数は何百万にまで容易に膨れ上がるが，実際に重要となる“本質的な次元数”は依然として12である．実際，カメラの数を増やせば増やすほど高次元になってしまう．もちろん，愚直に次元数を最小限に抑えたいだけなら，単にカメラの数を減らせば良い，という話になるが，基本的に情報は多ければ多いほど良いはずである．それゆえに，高次元である一方で複雑性が低い問題をうまく扱えるような，巧妙なアルゴリズムや関数近似法を求めることになる．

この対処法としては，ハッシュ関数と組み合わせた帯状のタイリング (strip-like tiling)，低歪み格子を用いた補間 (Lemieux, 2009, Chapter 5, 6)，ランダム射影 (Dasgupta and Freund, 2008) などが挙げられる．また，非線形関数近似法（例えば，隠れ層の活性化関数としてシグモイド関数をもつニューラルネットワークや，中心もパラメータとしてもつ RBF ネットワーク）やノンパラメトリック法も有望なアプローチである．

■ノンパラメトリック法　**ノンパラメトリック法** (nonparametric method) は前述の例のように固定された有限次元の表現を使うのではなく，必要に応じて表現を変えていく．例えば，データ $\mathcal{D}_n = [(x_1, v_1), \ldots, (x_n, v_n)]$（ただし，$x_i \in \mathbb{R}^k, v_i \in \mathbb{R}$）が与えられたとき，**$k$-近傍法** ($k$-nearest neighbor method) による回帰は，次の式を用いて位置 x における価値を予測する．

$$V_{\mathcal{D}}^{(k)}(x) = \sum_{i=1}^{n} v_i \frac{K_{\mathcal{D}}^{(k)}(x, x_i)}{k}$$

ここで，$K_{\mathcal{D}}^{(k)}(x, x')$ は，x' が x の $\mathcal{D}$ 内の k 番目の近傍より x に近いとき 1 となり，その他の場合は 0 となるような関数である．ここで，$k = \sum_{j=1}^{n} K_{\mathcal{D}}^{(k)}(x, x_j)$ である．整数 k をこの総和に置き換え，$K_{\mathcal{D}}^{(k)}(x, \cdot)$ を他のデータ・ドリブンなカーネル $K_{\mathcal{D}}$（例えば，x の期待値をもち，x から k 番目の近傍との距離に比例した標準偏差をもったガウシアンカーネルなど）に置き換えると，以下のような**ノンパラメトリック・カーネル平滑化** (nonparametric kernel smoothing) が得られる．

$$V_{\mathcal{D}}^{(k)}(x) = \sum_{i=1}^{n} v_i \frac{K_{\mathcal{D}}(x, x_i)}{\sum_{j=1}^{n} K_{\mathcal{D}}(x, x_j)}$$

上記の式をパラメトリックに表現した式 (2.4) と比較するとよい．他の例としては，大規模な（無限次元の）関数空間の中から経験誤差に適合する適切な関数を探すような方法が挙げられ，その中でも最適化の観点から便利な再生核ヒルベルト空間がよく用いられる．特別な例としては，平滑化スプライン (Wahba, 2003) やガウス過程回帰 (Rasmussen and Williams, 2005) がある．他のアイデアとしては，何らかのヒューリスティックな尺度に基づき，入力空間を小さな領域まで再帰的に分割することで空間を木構造で表現し，その末端ノードにおける価値を簡単な方法で予測するものがある．パラメトリックな方法とノンパラメトリックな方法の間の境界線は曖昧である．例えば，基底関数の数が変更可能なとき（すなわち，必要に応じて新たな基底関数を導入できるとき），線形予測器はノンパラメトリックな方法といえる．一般的に，チューニングの観点から見ると，複数の異なる特徴抽出法を試行錯誤すること自体がノンパラメトリックともいえるだろう．この立場を取るならば，実用上では “真” にパラメトリックな方法はほとんど使われていない，ということになる．

ノンパラメトリック法の利点は，その柔軟性にある．しかし，その柔軟性には計算量の増大という代償がある．それゆえに，ノンパラメトリック法を用いるときは，効率的な実装が重要となる（例えば，最近傍法を実装する場合は k-D 木を用いる方が良い，あるいはガウシアン平滑化を実装する場合は高速ガウス変換を用いる方が良い，など）．また，ノンパラメトリック法は**過学習** (overfit) や**未学習** (underfit) が起こりやすいので，慎重なチューニングが求められる．例えば k-近傍法では，k が大きすぎると平滑化されすぎることが予想され（すなわち未学習），k が小さすぎるとノイズにフィットしてしまうことが予想される（すなわち過学習）．過学習については2.2.4節でさらに議論する．ノンパラメトリック回帰についてのさらなる考察には，別途文献を参照して頂きたい (Härdle, 1990; Györfi et al., 2002; Tsybakov, 2009).

これ以降の議論ではパラメトリックな関数近似法（多くの場合で線形関数近似）を仮定しているが，紹介するアルゴリズムの多くは，ノンパラメトリックな手法に拡張できる．そのような拡張が存在するときは必要に応じて記述していく．

これまでの議論では，暗黙のうちに，状態を測定できると仮定してきた．しかし，こうした仮定は実応用においてはほとんど成り立たない．幸運なことに，以降で議論する方法は，生の状態の観測を必ずしも必要とせず，状態を“十分に説明できる特徴量に基づく表現”さえ得られれば（ロボットアームの例におけるカメラ画像など）うまく機能するものばかりだ．そのような表現を得るため，観測履歴を利用する**状態推定器** (state estimator)（制御工学の言葉では観測器）を設計する方法がよく使用される．こうした方法については，機械学習と制御工学の両方の分野において多くの文献が存在しているが，これらの手法に関する議論は本書の範囲外である．

2.2.1　関数近似を用いたTD(λ) 法

マルコフ報酬過程 $\mathcal{M} = (\mathcal{X}, \mathcal{P}_0)$ の価値関数 V を推定する問題へと立ち返ろう．ただし，今度は状態空間はとても広い（あるいは無限大である）ものと仮定する．ここで，$\mathcal{D} = ((X_t, R_{t+1}); t \geq 0)$ を $\mathcal{M}$ の実現値だとすると，目的は，これまでと同じように $\mathcal{D}$ が所与のとき $\mathcal{M}$ の価値関数を逐次的に推定することである．

ここでは，パラメトリックで滑らかな関数近似 $(V_\theta; \theta \in \mathbb{R}^d)$ を用いるとする（つまり，任意の $\theta \in \mathbb{R}^d$ に対し，$V_\theta : \mathcal{X} \to \mathbb{R}$ には $\nabla_\theta V_\theta(x)$ が任意の $x \in \mathcal{X}$ で存在する）．価値関数を $(V_\theta; \theta \in \mathbb{R}^d)$ で近似する場合の累積適格度トレース付きのテーブルTD(λ) 法の一般化では，更新式は次のようになる (Sutton, 1984, 1988).

$$
\begin{aligned}
\delta_{t+1} &= R_{t+1} + \gamma V_{\theta_t}(X_{t+1}) - V_{\theta_t}(X_t) \\
z_{t+1} &= \nabla_\theta V_{\theta_t}(X_t) + \gamma\lambda\, z_t \\
\theta_{t+1} &= \theta_t + \alpha_t\, \delta_{t+1}\, z_{t+1} \\
z_0 &= 0
\end{aligned}
\tag{2.5}
$$

ここで $z_t \in \mathbb{R}^d$ である．このアルゴリズムの擬似コードはアルゴリズム2.4に示すとおりである．

このアルゴリズムがテーブルTD(λ) 法の一般化であることを確認するためには，状態空間を $\mathcal{X} = \{x_1, \ldots, x_D\}$ とし，$\varphi_i(x) = \mathbb{I}_{\{x = x_i\}}$ とおいて，$V_\theta(x) = \theta^\top \varphi(x)$ とすればいい．ここで，V_θ は，パラメータに関して線形（すなわち $V_\theta = \theta^\top \varphi$）であるから，$\nabla_\theta V_\theta = \varphi$ が成り立つ．したがって，$z_{t,i}$ を $z_t(x_i)$ と，$\theta_{t,i}$ を $\hat{V}_t(x_i)$ とそれぞれ対応させることで，更

Algorithm 2.4 線形関数近似を用いた TD(λ) 法を実装した関数．この関数は各遷移の後に呼び出される．

function TDLAMBDALINFAPP(X, R, Y, θ, z)

Input: 現在の状態 X，次の状態 Y，この遷移に伴う即時報酬 R，線形関数近似器のパラメータベクトル $\theta \in \mathbb{R}^d$，適格度トレースのベクトル $z \in \mathbb{R}^d$

1: $\delta \leftarrow R + \gamma \cdot \theta^\top \varphi[Y] - \theta^\top \varphi[X]$
2: $z \leftarrow \varphi[X] + \gamma \cdot \lambda \cdot z$
3: $\theta \leftarrow \theta + \alpha \cdot \delta \cdot z$
4: **return** (θ, z)

新式 (2.5) が前の TD(λ) 法の更新式と確かに一致することを確認できる．

方策オフ型の TD(λ) 法において，δ_{t+1} の定義は

$$\delta_{t+1} = R_{t+1} + \gamma V_{\theta_t}(Y_{t+1}) - V_{\theta_t}(X_t)$$

となる．テーブル TD(λ) 法の場合と違い，方策オフ型でのサンプリングのもとでは関数近似を用いた TD(λ) 法の収束はもはや保証されず，パラメータは発散することさえある（例としては，Bertsekas and Tsitsiklis (1996, Example 6.7, p. 307) を参照）．後に説明するように，方策オン型では線形関数近似器を用いる場合には収束が保証される一方，たとえ線形関数近似器を用いても，$(X_t; t \geq 0)$ の分布が MRP $\mathcal{M}$ の定常分布と一致しないときは収束が保証できない．方策オン型，オフ型にかかわらず，アルゴリズムが発散しうる他のケースとしては，非線形関数近似器が用いられる場合が挙げられる（例としては，Bertsekas and Tsitsiklis (1996, Example 6.6, p. 292) を参照）．不安定性に関する他の例については，別途文献を参照してほしい (Baird, 1995; Boyan and Moore, 1995).

ただし，次のすべての条件が成り立つときには概収束が保証される: (*i*) 固定された $\varphi : \mathcal{X} \to \mathbb{R}^d$ を使った線形関数近似器が用いられる，(*ii*) 確率過程 $(X_t; t \geq 0)$ が，エルゴード的なマルコフ過程で，その定常分布 μ が，MRP $\mathcal{M}$ の定常分布と等しい，そして (*iii*) ステップ幅の系列が，RM 条件を満たす (Tsitsiklis and Van Roy, 1997; Bertsekas and Tsitsiklis, 1996, p. 222, Section 5.3.7). 引用文献中の結果では，φ（つまり，$\varphi_1, \ldots, \varphi_d$）が線形独立であることも仮定されている．この線形独立性が成り立っているとき，パラメータが収束しうる点は一意に決まる．そうでない場合，つまり特徴量が冗長であるときでもパラメータは収束はするが，その収束点はパラメータの初期値に依存する．しかしながら，価値関数が収束する点は常に一意である (Bertsekas, 2010).

TD(λ) 法が収束すると仮定したうえで，$\theta^{(\lambda)}$ を θ_t の収束点とする．

また，

$$\mathcal{F} = \{V_\theta \,|\, \theta \in \mathbb{R}^d\}$$

を，選ばれた特徴量 φ を使って表せる関数の空間であるとする．このとき，$\mathcal{F}$ は $\mathcal{X}$ を定義域とする実数値関数の集まりからなるベクトル空間の線形部分空間である．収束点 $\theta^{(\lambda)}$ は，次のいわゆる**射影不動点方程式** (projected fixed-point equation)

$$V_{\theta^{(\lambda)}} = \Pi_{\mathcal{F},\mu} T^{(\lambda)} V_{\theta^{(\lambda)}} \tag{2.6}$$

を満たすことが知られている．ここでの作用素 $T^{(\lambda)}$ および $\Pi_{\mathcal{F},\mu}$ は，次のように定義される．まず，$m \in \mathbb{N}$ に対し，$T^{[m]}$ を **m-ステップ先読みベルマン作用素** (m-step lookahead Bellman operator) とし，次のように定義する．

$$T^{[m]} \hat{V}(x) = \mathbb{E}\left[\sum_{t=0}^{m} \gamma^t R_{t+1} + \gamma^{m+1} \hat{V}(X_{m+1}) \,\middle|\, X_0 = x \right]$$

TD(λ) 法が推定する価値関数 V が，任意の $m \geq 0$ の $T^{[m]}$ に対する不動点であることは明らかである．$\lambda < 1$ と仮定すると，作用素 $T^{(\lambda)}$ は，$T^{[0]}, T^{[1]}, \ldots$ の指数的に減衰する重みによる重み付き平均で定義される．

$$T^{(\lambda)} \hat{V}(x) = (1-\lambda) \sum_{m=0}^{\infty} \lambda^m T^{[m]} \hat{V}(x)$$

$\lambda = 1$ のときは，$T^{(1)} \hat{V} = \lim_{\lambda \to 1-} T^{(\lambda)} \hat{V} = V$ と定義する．$\lambda = 0$ のときは $T^{(0)} = T$ となることにも留意しよう．次に，作用素 $\Pi_{\mathcal{F},\mu}$ は射影である．この作用素は，重み付き2-ノルム (weighted 2-norm) $\|f\|_\mu^2 = \sum_{x \in \mathcal{X}} f^2(x)\mu(x)$ に基づいて，状態に関する関数を線形空間 $\mathcal{F}$ へ射影するものであり，次のように定義される．

$$\Pi_{\mathcal{F},\mu} \hat{V} = \operatorname*{argmin}_{f \in \mathcal{F}} \|\hat{V} - f\|_\mu$$

TD(λ) 法の収束性の証明におけるポイントは，合成作用素 $\Pi_{\mathcal{F},\mu} T^{(\lambda)}$ が，ノルム $\|\cdot\|_\mu$ に関して縮小作用素であることである．この結果は，μ が（$T^{(\lambda)}$ を定義する）$\mathcal{M}$ における定常分布であることに強く依存している．μ の分布が他の分布の場合は合成作用素が縮小作用素であるとは限らず，TD(λ) 法は発散する可能性がある．式 (2.6) の不動点から得られる V の推定値の精度は，以下のように抑えることができる．

$$\left\| V_{\theta^{(\lambda)}} - V \right\|_\mu \leq \frac{1}{\sqrt{1-\gamma_\lambda}} \left\| \Pi_{\mathcal{F},\mu} V - V \right\|_\mu$$

ここで $\gamma_\lambda = \gamma(1-\lambda)/(1-\lambda\gamma)$ は $\Pi_{\mathcal{F},\mu} T^{(\lambda)}$ の縮小係数にあたる (Tsitsiklis and Van Roy, 1999a; Bertsekas, 2007b)．なお，Yu and Bertsekas (2008) と Scherrer (2010) は，より厳しい誤差の上界があることを示している．推定の精度のバウンドから，$\mathcal{F}$ の中では $V_{\theta^{(1)}}$ がノルム $\|\cdot\|_\mu$ に関して V の最適な近似であることがわかる（TD(1) 法がこの平均二乗誤差を最小にするよう設計されていることを踏まえれば自然であろう）．また，$\lambda \to 0$ になるにつれて，より大きな誤差の生まれる余地が大きくなることもわかる．この結果

は，単なる計算上の産物ではないことが知られている．実際に，Bertsekas and Tsitsiklis (1996, p. 288) は Example 6.5 で，n 個の状態と 1 次元の特徴抽出器 φ からなるシンプルな MRP において，$V_{\theta^{(1)}}$ が V の妥当な近似である一方，$V_{\theta^{(0)}}$ が極めて乏しい近似性能しかもたない例を紹介している．つまり，$\lambda < 1$ のとき，良い精度を達成するという観点からは，最も良い近似となる V が小さい誤差をもつように関数空間 $\mathcal{F}$ を選んだとしても限界がある．ここまでの議論を踏まえると，そもそも $\lambda < 1$ を用いる意味があるのかどうかさえ疑問に思うかもしれない．しかし Van Roy (2006) による論文は，少なくとも状態集約を用いる一般の場合において，TD(0) 法は TD(1) 法と比べて，“制御性能の観点では” 劣らないことを示している．具体的には，制御を学習するタスク（詳しくは第 3 章を参照）において，関数近似器を用いた TD(λ) 法を，価値関数の近似精度ではなく制御性能で評価している． つまり，たとえ価値推定の解の平均二乗誤差が大きくとも，その解を制御に使ったときに得られる方策の性能は，TD(1) 法の解を計算して得られるものと遜色ない．しかしながら，$\lambda < 1$ の TD(λ) 法が TD(1) 法より好まれる主な理由は，TD(1) 法よりも収束が速いという経験的な知見に基づくものである．TD(1) 法は，現実的なサンプルサイズだけではとても貧弱な推定しか得られない場合が多い (Sutton and Barto, 1998, Section 8.6).

■力学系の解としての TD(λ) 法　Sutton et al. (2008) と Parr et al. (2008) はそれぞれ独立に，TD(0) 法により得られる解が線形力学系における決定論的 MRP[7] の解として解釈できることを発見した．それどころか，これから論じるように，これは一般の TD(λ) 法においても成り立つ．

これは，決定論的 MRP が，元となる MRP の本質を捉えている場合，$V_{\theta^{(\lambda)}}$ が V の良い近似になるということを示唆している．この主張を確かめるため，Parr et al. (2008) にならって，$T^{(\lambda)}$ のもとでの $\hat{V} : \mathcal{X} \to \mathbb{R}$ のベルマン誤差

$$\Delta^{(\lambda)}(\hat{V}) = T^{(\lambda)}\hat{V} - \hat{V}$$

を考える．ここで $\Delta^{(\lambda)}(\hat{V}) : \mathcal{X} \to \mathbb{R}$ である．縮小作用素に関する簡単な議論から，$\|V - \hat{V}\|_\infty \le \frac{1}{1-\gamma} \left\|\Delta^{(\lambda)}(\hat{V})\right\|_\infty$ が成り立つことを確認できる．したがって，もし $\Delta^{(\lambda)}(\hat{V})$ が小さければ，$\hat{V}$ も V に近い．

ここで，次の誤差の分解が成り立つことを示すことができる[8].

$$\Delta^{(\lambda)}(V_{\theta^{(\lambda)}}) = (1-\lambda)\sum_{m\ge 0}\lambda^m \Delta_m^{[r]} + \gamma\left\{(1-\lambda)\sum_{m\ge 0}\lambda^m \Delta_m^{[\varphi]}\right\}\theta^{(\lambda)}$$

---

[7] 訳注: ここで “決定論的 MRP” とは，試行によって得られたサンプルからすべての状態間の遷移を表す状態遷移行列と，すべての状態の即時報酬を最小二乗法で求めたときに定まる MRP を指す．“決定論的” とあるが，状態遷移が決定論的という意味ではないことに注意する．状態遷移行列が決定論的に定まっているのみであり，この行列の要素は状態遷移の確率を表すものと解釈できる．

[8] $\lambda = 0$ については Parr et al. (2008) で示されているが，$\lambda > 0$ への拡張は本書の新しい結果である．

上記の式の中の $\Delta_m^{[r]} = \bar{r}_m - \Pi_{\mathcal{F},\mu}\bar{r}_m$ と $\Delta_m^{[\varphi]} = P^{m+1}\varphi^\top - \Pi_{\mathcal{F},\mu}P^{m+1}\varphi^\top$ はそれぞれ，m ステップ先の即時報酬のモデリングにおける誤差と，m ステップ先への特徴量 φ の遷移のモデリングにおける誤差である．$\bar{r}_m : \mathcal{X} \to \mathbb{R}$ は，$\bar{r}_m(x) = \mathbb{E}[R_{m+1} \mid X_0 = x]$ と定義される．$P^{m+1}\varphi^\top$ は状態を d 次元の行ベクトルへと写す関数で，$P^{m+1}\varphi^\top(x) = (P^{m+1}\varphi_1(x), \ldots, P^{m+1}\varphi_d(x))$ と定義される．ここでの $P^m\varphi_i : \mathcal{X} \to \mathbb{R}$ は $P^m\varphi_i(x) = \mathbb{E}[\varphi_i(X_m) \mid X_0 = x]$ で定義される関数を指している．この分解を見れば，m ステップ先での即時報酬と m ステップ先での特徴量の期待値が各時点での特徴量によってうまく捉えられている場合，ベルマン誤差は小さくなることがわかる．また，λ が1に近づくほど，“いかに特徴量が価値関数の構造を捉えているか” がより重要になること，λ が0に近づくほど，“いかにうまく即時報酬と直近の特徴量の期待値の構造を捉えているか” がより重要になることもわかる．このことから，λ の “最適な” 値（すなわち $\|\Delta^{(\lambda)}(V_{\theta^{(\lambda)}})\|$ を最小にする値）は，特徴量が短期的あるいは長期的なダイナミクス（と報酬）のどちらをよりうまく捉えられるかに依存することが示唆される．

2.2.2　勾配 TD 学習 (gradient temporal difference learning)

TD(λ) 法の唯一の欠点は方策オフ型学習の状況下で発散しうるという点である．2.2.3 節では，この問題を回避するいくつかの手法を紹介する．しかしながら，これから見るように，これらの手法の（時間および空間）計算量は TD(λ) 法に比べて相当大きくなる．本節では，Sutton et al. (2009b,a) によって提案された二つのアルゴリズムを提示する．2.2.3 節で紹介するものと同じく，これらの手法も不安定性の問題を解決し，方策オン型の場合には TD(λ) 法の解へと収束するものである．これらは TD(λ) 法とほぼ同程度の計算量で実行することができる．簡単のため，$\lambda = 0$ で $((X_t, R_{t+1}, Y_{t+1}); t \geq 0)$ が定常過程であり，$X_t \sim \nu$ のときに，線形独立な特徴量による線形関数近似器を用いるケースを考えよう（ν が $\mathcal{P}$ の定常分布と一致している必要はない）．式 (2.6) の解，$\theta^{(0)}$ は存在すると仮定する．このとき，次の目的関数を考える．

$$J(\theta) = \left\| V_\theta - \Pi_{\mathcal{F},\nu} T V_\theta \right\|_\nu^2 \tag{2.7}$$

ここで，式 (2.6) のすべての解は J を最小化するものであるということと，式 (2.6) の解が存在するときはそれが一意であるということに注意したい．つまり，式 (2.6) の解は J を最小化することで得られる．J を最小化する θ を θ_* と表記する．特徴量が線形独立だという仮定から，J を最小化する θ_* は一意に定まる（すなわち，θ_* は well-defined である）．

次の簡略化した表記を導入する．

$$\begin{aligned} \delta_{t+1}(\theta) &= R_{t+1} + \gamma V_\theta(Y_{t+1}) - V_\theta(X_t) \\ &= R_{t+1} + \gamma \theta^\top \varphi'_{t+1} - \theta^\top \varphi_t \end{aligned} \tag{2.8}$$

$$\varphi_t = \varphi(X_t)$$
$$\varphi'_{t+1} = \varphi(Y_{t+1})$$

すると，機械的な計算により，J を次のように書き直せる．

$$J(\theta) = \mathbb{E}\left[\delta_{t+1}(\theta)\varphi_t\right]^\top \mathbb{E}\left[\varphi_t\varphi_t^\top\right]^{-1} \mathbb{E}\left[\delta_{t+1}(\theta)\varphi_t\right] \tag{2.9}$$

この目的関数の勾配をとることにより次式を得る．

$$\nabla_\theta J(\theta) = -2\mathbb{E}\left[(\varphi_t - \gamma\varphi'_{t+1})\varphi_t^\top\right] w(\theta) \tag{2.10}$$

ただし，$w(\theta)$ は次式で定義される．

$$w(\theta) = \mathbb{E}\left[\varphi_t\varphi_t^\top\right]^{-1} \mathbb{E}\left[\delta_{t+1}(\theta)\varphi_t\right]$$

ここで，二つの重みパラメータを導入する．θ_t により θ_* を，w_t により $w(\theta_*)$ をそれぞれ近似する．GTD2 (“gradient temporal difference learning, version 2”) は，$w_t \approx w(\theta_t)$ であるとの仮定のもとで式 (2.10) に基づく J の確率的勾配の負の方向へ θ_t を更新しつつ，w_t の更新は，θ を固定して w_t が $w(\theta)$ にほとんど確実に収束するよう行うアルゴリズムである．

$$\theta_{t+1} = \theta_t + \alpha_t\left(\varphi_t - \gamma\varphi'_{t+1}\right)\varphi_t^\top w_t$$
$$w_{t+1} = w_t + \beta_t\left(\delta_{t+1}(\theta_t) - \varphi_t^\top w_t\right)\varphi_t$$

ここで，$(\alpha_t; t \geq 0)$ と $(\beta_t; t \geq 0)$ は二つのステップ幅の系列である．$(w_t; t \geq 0)$ の更新式は，まさに基本的な LMS（最小平均二乗; least-mean square）アルゴリズムの更新則であり，これは信号処理において更新則として広く用いられている (Widrow and Stearns, 1985)．Sutton et al. (2009a) は，ステップ幅における標準的な RM 条件と，その他の緩い数学的な条件のもとで，(θ_t) が $J(\theta)$ の最小値へとほとんど確実に収束することを示した．TD(0) 法と違い，この収束は $(X_t; t \geq 0)$ の分布によらず保証されている．また，GTD2 の更新コストは TD(0) 法の更新コストのたったの 2 倍である．アルゴリズム 2.5 は，GTD2 の擬似コードである．

次に TDC (“temporal difference learning with corrections”) と呼ばれる二つ目のアルゴリズムを示す．このアルゴリズムの導出には以下のような勾配の表現が必要になる．

$$\nabla_\theta J(\theta) = -2\Big(\mathbb{E}\left[\delta_{t+1}(\theta)\varphi_t\right] - \gamma\mathbb{E}\left[\varphi'_{t+1}\varphi_t^\top\right] w(\theta)\Big)$$

TDC の w_t の更新は GTD2 と変わらないが，θ_t の更新式は次のようになる．

$$\theta_{t+1} = \theta_t + \alpha_t\left(\delta_{t+1}(\theta_t)\varphi_t - \gamma\varphi'_{t+1}\varphi_t^\top w_t\right)$$
$$w_{t+1} = w_t + \beta_t\left(\delta_{t+1}(\theta_t) - \varphi_t^\top w_t\right)\varphi_t$$

Algorithm 2.5　GTD2 アルゴリズムを実装した関数．この関数は各遷移の後に呼び出される．

function GTD2(X, R, Y, θ, w)

Input: 現在の状態 X，次の状態 Y，この遷移に伴う即時報酬 R，線形関数近似器のパラメータベクトル $\theta \in \mathbb{R}^d$，計算の補助のための重みパラメータ $w \in \mathbb{R}^d$

1: $f \leftarrow \varphi[X]$
2: $f' \leftarrow \varphi[Y]$
3: $\delta \leftarrow R + \gamma \cdot \theta^\top f' - \theta^\top f$
4: $a \leftarrow f^\top w$
5: $\theta \leftarrow \theta + \alpha \cdot (f - \gamma \cdot f') \cdot a$
6: $w \leftarrow w + \beta \cdot (\delta - a) \cdot f$
7: **return** (θ, w)

この更新の擬似コードは，5 行目を次のように置き換える以外は GTD2 のものと同一である．

$$\theta \leftarrow \theta + \alpha \cdot (\delta \cdot f - \gamma \cdot a \cdot f')$$

TDC では，w_t の更新は，θ_t の更新より大きいステップ幅を用いる必要がある（すなわち $\alpha_t = o(\beta_t)$）．このため，TDC はいわゆる**二つの時間スケールを用いた確率的近似アルゴリズム** (two-timescale stochastic approximation algorithm) の一種とみなすことができる (Borkar, 1997, 2008)．もし，この条件に加えて，両方のステップ幅の系列が標準的な RM 条件も満たすなら，$\theta_t \to \theta_*$ はほとんど確実に成り立つことが約束される (Sutton et al., 2009a)．関連する研究には，これらのアルゴリズムを非線形関数近似へと拡張しているものもある (Maei et al., 2010a)．また，$\alpha_t \ll \beta_t$ でさえあれば収束も約束される (Maei, 2010, personal communication)．その他，適格度トレースを用いるように拡張することもできる (Maei and Sutton, 2010)．

しかし，これらのアルゴリズムは目的関数の勾配から導かれているものの，重みの更新の方向の期待値が目的関数の勾配の負の方向と異なりうるという点で，真の確率的勾配法ではないということは述べておきたい．もっと言えば，これらの手法は擬似勾配法という，より包括的なクラスに属している．二つの手法は勾配をどう近似するかという点において異なるが，どちらか片方がもう一方より優れているかどうかは，まだ解明されていない．

2.2.3　最小二乗法

これまで議論してきた手法は，ノイズ混じりの勾配のような信号に従ってパラメータを少しずつ変化させるという点で，適応フィルタ (adaptive filtering) における LMS アルゴリズムと類似している．したがって，LMS アルゴリズムの多くがそうであるように，これらの手法はステップ幅の選択や，パラメータの初期値から収束点 $\theta^{(\lambda)}$ までの距離，そして更新則を決定する行列 A（例えば TD(0) 法では $A = \mathbb{E}\left[\varphi_t(\varphi_t - \gamma\varphi'_{t+1})^\top\right]$）の固有値の分布に対して敏感である．長きに渡って，多くの文献がこれらの問題の解決に挑戦してきた．これらの研究の進展は本質的に，適応フィルタの研究のそれに類似している．網羅的に列挙することはしないが，適応的なステップ幅を用いる研究 (Sutton, 1992; George and Powell, 2006) や，更新を正規化する研究 (Bradtke, 1994)，過去のサンプルを再利用する研究 (Lin, 1992) などが存在する．これらの技術は確かに有用であるが，それぞれ欠点もある．適応フィルタにおいては，LMS アルゴリズムのすべての欠点に対応するアルゴリズムとして，LS（最小二乗; least-squares）アルゴリズムが知られている．この節では，強化学習の手法群の中で LS アルゴリズムと機能的に類似している手法について述べる．

■LSTD: 最小二乗 TD 学習　サンプルが無数に与えられた極限において，TD(0) 法は以下の条件を満たすパラメータベクトル θ を探索する．なお，ここでは前節での表記法を用いることとする．

$$\mathbb{E}\left[\,\varphi_t\,\delta_{t+1}(\theta)\,\right] = 0 \tag{2.11}$$

また，有限のサンプル

$$\mathcal{D}_n = ((X_0, R_1, Y_1), (X_1, R_2, Y_2), \ldots, (X_{n-1}, R_n, Y_n))$$

が与えられたとき，式 (2.11) は以下のように近似できる．

$$\frac{1}{n}\sum_{t=0}^{n-1} \varphi_t\,\delta_{t+1}(\theta) = 0 \tag{2.12}$$

$\delta_{t+1}(\theta) = R_{t+1} - (\varphi_t - \gamma\varphi'_{t+1})^\top\theta$ を代入すると，この方程式は θ について線形であることがわかる．特に，行列 $\hat{A}_n = \frac{1}{n}\sum_{t=0}^{n-1}\varphi_t(\varphi_t - \gamma\varphi'_{t+1})^\top$ が正則ならば，方程式の解は単純に

$$\theta_n = \hat{A}_n^{-1}\hat{b}_n \tag{2.13}$$

と求められる．ただし $\hat{b}_n = \frac{1}{n}\sum_{t=0}^{n-1} R_{t+1}\varphi_t$ である．もし，$\hat{A}_n$ の逆行列計算の負荷が大きくなければ（すなわち，特徴量の次元が大きすぎず，かつ逆行列計算が何度も行われないならば），この手法による平衡解の近似は，TD(0) 法やサンプルサイズに対する 1 次の計算量をもつ他の逐次的な近似手法よりも精度が高くなる．後者の手法群は，行列 $\mathbb{E}\left[\hat{A}_n\right]$ の固有値の偏りが大きくなると性能が悪くなってしまうという弱点をもっている．式 (2.12) の解を直接計算するというアイデアは Bradtke and Barto (1996) によるものである．彼らはその計算アルゴリズムを**最小二乗 TD 学習** (least-squares temporal difference learning)，略してLSTDと名付けた．確率計画法の用語を用いると，LSTDは**標本平均近似法** (sample average approximation) (Shapiro, 2003) を用いていると考えることができる．統計学の用語では，LSTDはいわゆるZ推定量[9]を求める手続きに含まれる (Kosorok, 2008, Section 2.2.5)．LSTDの解が存在するとき，LSTDが射影二乗ベルマン誤差 $\left\|\Pi_{\mathcal{F},\mu}(TV-V)\right\|_{\mu}^{2}$ のサンプル近似を線形空間$\mathcal{F}$上で最小化することは容易に確認できる (Antos et al., 2008).

Sherman-Morrisonの公式を用いると，逐次的なLSTDの定式化を導くことができる．これは，適応フィルタ (Widrow and Stearns, 1985) における再帰的最小二乗 (recursive least-squares; RLS) アルゴリズムの導出の仕方と類似している．逐次的なLSTDのアルゴリズムは"再帰的LSTD" (RLSTD) と呼ばれ，次のような手続きをとる (Bradtke and Barto, 1996)．まず，$\theta_0 \in \mathbb{R}^d$ と $C_0 \in \mathbb{R}^{d\times d}$ を選ぶ．ここで，C_0は"小さな"正定値行列（例えば，"小さな"正の数$\beta > 0$によって$C_0 = \beta I$と表せるもの）とする．次に，$t \geq 0$に対して，以下のように更新する．

$$
\begin{aligned}
C_{t+1} &= C_t - \frac{C_t\,\varphi_t(\varphi_t - \gamma\varphi'_{t+1})^\top C_t}{1+(\varphi_t-\gamma\varphi'_{t+1})^\top C_t\varphi_t} \\
\theta_{t+1} &= \theta_t + \frac{C_t}{1+(\varphi_t-\gamma\varphi'_{t+1})^\top C_t\varphi_t}\,\delta_{t+1}(\theta_t)\varphi_t
\end{aligned}
$$

一度の更新における計算量は$O(d^2)$である．このアルゴリズムの擬似コードをアルゴリズム2.6で示す．

Boyan (2002) はTD(λ)法のパラメータλを組み込むことでLSTDを拡張し，そのアルゴリズムをLSTD(λ)と名付けた（ここで，$\lambda > 0$の設定に意義をもたせるには$X_{t+1} = Y_{t+1}$である必要がある．そうでなければ，TD誤差の和が畳み込み級数的な計算に落とし込めなくなる）．LSTD(λ)の解は式(2.5)に由来している．その解は，以下の更新の累積和をゼロにするようなパラメータとして定義される．

$$
\frac{1}{n}\sum_{t=0}^{n-1}\delta_{t+1}(\theta)z_{t+1} = 0 \tag{2.14}
$$

なお，ここで$z_{t+1} = \sum_{s=0}^{t}(\gamma\lambda)^{t-s}\varphi_s$は適格度トレースである．式(2.14)も$\theta$に対して線形であり，以前の説明が同様に適用できる．LSTD(λ)を再帰的に行うRLSTD(λ)はXu et al. (2002)と（それとは独立に）Nedič and Bertsekas (2003)により研究されてきた（関連するアルゴリズムの擬似コードはアルゴリズム3.9を参照）．

ここで述べたLSTD(λ)に関する問題の一つに，方程式(2.14)が解をもたない可能性があるということが挙げられる．方策オン型の場合，少なくともサンプルサイズが十分大きければ，解は常に存在するであろう．方程式(2.14)の解が存在しないときによく使われる

[9] 訳注: 零点として求まる推定量のことを指す．

Algorithm 2.6 RLSTD アルゴリズムを実装した関数．この関数は各遷移の後に呼び出される．C の初期値には，小さな正の対角要素から構成される対角行列を設定する．つまり，$\beta > 0$ を用いて $C = \beta I$.

function RLSTD(X, R, Y, C, θ)

Input: 現在の状態 X，次の状態 Y，この遷移に伴う即時報酬 R，行列 $C \in \mathbb{R}^{d \times d}$，線形関数近似器のパラメータベクトル $\theta \in \mathbb{R}^d$

1: $f \leftarrow \varphi[X]$
2: $f' \leftarrow \varphi[Y]$
3: $g \leftarrow (f - \gamma f')^\top C$ ▷ g は $1 \times d$ の行ベクトル
4: $a \leftarrow 1 + gf$
5: $v \leftarrow Cf$
6: $\delta \leftarrow R + \gamma \cdot \theta^\top f' - \theta^\top f$
7: $\theta \leftarrow \theta + \delta / a \cdot v$
8: $C \leftarrow C - vg / a$
9: **return** (C, θ)

テクニックとして，逆行列の計算が必要な行列に，小さな正定値対角行列を加えるというものがある（RLSTD では，行列の初期値を正定値対角行列にすることに相当する）．しかし，この手法がいつもうまく働くという保証はない．より良い手法の一つとして，行列が正則のときは LSTD のパラメータベクトルが射影ベルマン誤差を最小化する，という事実を利用するものがある．射影ベルマン誤差を最小化するベクトルは常に一意に存在するので，式 (2.14) の解を求める代わりに，射影ベルマン誤差を最小化することを目的とすることができる．

サンプルについての標準的な仮定が保証されれば，連続性を使った基本的な議論と大数の法則を用いることで，LSTD(λ)（とその再帰型）はその解が存在する限り射影不動点方程式 (2.6) の解に概収束することを示すことができる．これについては，Bradtke and Barto (1996) が $\lambda = 0$ の場合について示し，Xu et al. (2002) と Nedič and Bertsekas (2003) が $\lambda > 0$ の場合について示した．こうした結果は方策オン型の場合についてのみ示されているが，極限において解が存在する限り，方策オフ型の場合も同様の結果が成立するということは比較的容易に示すことができる．

前述のとおり，(R)LSTD(λ) は逐次的アルゴリズムの細かい調整に関する問題を回避している．(R)LSTD(λ) はステップ幅に依存せず，行列 A の固有値の構造や θ の初期値の選択に対して敏感でもない．実際いくつかの実験では，(R)LSTD(λ) により得られたパラメータは，TD(λ) 法により得られたパラメータより速く収束することが示唆されている (Bradtke and Barto, 1996; Boyan, 2002; Xu et al., 2002)．しかし，LSTD(λ) の計算量的性質は TD(λ) 法のそれと比べると大きく異なっている．この違いが意味するものについては，LSPE アルゴリズムを説明した後に議論したい．

■LSPE: 最小二乗方策評価　LSTD (LSTD(λ)) の代わりとして, Bertsekas and Ioffe (1996) によって提案された **λ-最小二乗方策評価** (λ-least squares policy evaluation; λ-LSPE) がある．アルゴリズムの基本的なアイデアは，**複数ステップ（先読み）価値反復** (multi-step value iteration) を模倣することである．この手法でも，線形近似器が用いられると仮定する．

以下に一連の流れを示す．まず，$(n-s)$ ステップ先読みして予測した X_s の価値を次のように定義する．

$$\hat{V}_{s,n}^{(\lambda)}(\theta) = \theta^\top \varphi_s + \sum_{q=s}^{n-1} (\gamma\lambda)^{q-s} \delta_{q+1}(\theta)$$

また，損失 $J_n(\hat{\theta}, \theta)$ を次のように定義する．

$$J_n(\hat{\theta}, \theta) = \frac{1}{n} \sum_{s=0}^{n-1} \left(\hat{\theta}^\top \varphi_s - \hat{V}_{s,n}^{(\lambda)}(\theta) \right)^2$$

このとき，λ-LSPE アルゴリズムは，パラメータを以下のように更新する．

$$\theta_{t+1} = \theta_t + \alpha_t (\operatorname*{argmin}_{\hat{\theta}} J_{n_t}(\hat{\theta}, \theta_t) - \theta_t) \tag{2.15}$$

ここで，$(\alpha_t; t \geq 0)$ はステップ幅の系列であり，$(n_t; t \geq 0)$ は単調増加な整数列とする．Bertsekas and Ioffe (1996) は $n_t = t$ の場合のみを扱っていたが，アルゴリズムがオンライン学習のシナリオで用いられる場合，これは自然な選択である．アルゴリズムが有限の（例えば，n 個の）観測値とともに用いられるときは，$n_t = n$ あるいは $n_t = \min(n, t)$ と設定することが可能である．J_n は $\hat{\theta}$ の 2 次近似であるため，最小化問題の解は閉じた形で解析的に得ることができる．アルゴリズム 2.7 がその更新アルゴリズムである．λ-LSPE の再帰的で逐次的なバージョンもまた存在する．LSTD(λ) と同様に，$n_t = t$ の場合，このアルゴリズムは各時刻で $O(d^2)$ の計算量を要する．

λ-LSPE の振る舞いを理解するため，$\lambda = 0$ で $\alpha_t = 1$ という特別な場合における以下の更新を考えてみよう．

$$\theta_{t+1} = \operatorname*{argmin}_{\hat{\theta}} \frac{1}{n_t} \sum_{s=0}^{n_t-1} \left\{ \hat{\theta}^\top \varphi(X_s) - (R_{s+1} + \gamma V_{\theta_t}(Y_{s+1})) \right\}^2$$

上記の式からわかることは，この場合 λ-LSPE が解いているものは線形回帰問題であり，方策評価を目的とした**適合価値反復** (fitted value iteration) アルゴリズムを線形関数近似器を用いて実装しているということである．

Algorithm 2.7 バッチでの λ-LSPE の更新を実装した関数．この関数は収束するまで繰り返し呼び出される．

function LAMBDALSPE(D, θ)
Input: 遷移のリスト $D = ((X_t, A_t, R_{t+1}, Y_{t+1}); t = 0, \ldots, n-1)$，パラメータベクトル $\theta \in \mathbb{R}^d$
1: $A, b, \delta \leftarrow 0$ $\triangleright A \in \mathbb{R}^{d \times d}, b \in \mathbb{R}^d, \delta \in \mathbb{R}$
2: **for** $t = n-1$ **downto** 0 **do**
3: $f \leftarrow \varphi[X_t]$
4: $v \leftarrow \theta^\top f$
5: $\delta \leftarrow \gamma \cdot \lambda \cdot \delta + \left(R_{t+1} + \gamma \cdot \theta^\top \varphi[Y_{t+1}] - v\right)$
6: $b \leftarrow b + (v + \delta) \cdot f$
7: $A \leftarrow A + f \cdot f^\top$
8: **end for**
9: $\theta' \leftarrow A^{-1} b$
10: $\theta \leftarrow \theta + \alpha \cdot (\theta' - \theta)$
11: **return** θ

ランダム性をもたない固定された θ_t の値に対して，前述した最小二乗問題に基づく真の回帰関数は $\mathbb{E}\left[R_{s+1} + \gamma V_{\theta_t}(Y_{s+1}) | X_s = x\right]$ であり，それはまさに $TV_{\theta_t}(x)$ である．それゆえ，関数空間 $\mathcal{F}$ の自由度が十分に大きくかつサンプルサイズ n_t が大きいときは，$\theta_{t+1}^\top \varphi$ が $TV_{\theta_t}(x)$ に近づくことを期待できる．つまり，アルゴリズムは近似的に価値反復を実装していることがわかる．$\lambda > 0$ のときも，よく似た解釈が可能である．

$\alpha_t < 1$ のとき，パラメータ θ_t は α_t の大きさに比例して $J_{n_t}(\cdot, \theta_t)$ を最小化する方向へ移動する．このように更新を平滑化することは，*(i)* サンプルサイズが小さいとき（例えば，n_t と d が同程度の大きさである場合）にパラメータを安定化させ，*(ii)* このアルゴリズムが制御問題の中で方策反復のサブルーチンとして用いられるときに方策が徐々に変化することを保証する，といった役割を果たす（第3章を参照）．パラメータの更新を平滑化するというアイデアは，LSTD においても用いることができる．

LSTD(λ) と同様に，複数ステップ（先読み）バージョンである λ-LSPE（$\lambda > 0$ のとき）では $X_{t+1} = Y_{t+1}$ である必要がある．ここでのパラメータ λ の果たす役割は，他の TD 法における λ の役割と似ており，λ を大きくすると，バイアスが減少し分散が増加することが予想される．ただし，TD(λ) 法とは違い，λ-LSPE は $\lambda = 1$ のときでさえブートストラップを行う．しかし，ブートストラップの効果は $n_t \to \infty$ になるとともに減衰していく．

サンプルについての標準的な仮定のもとで，$n_t = t$ のとき，λ-LSPE は射影不動点方程

式 (2.6) の解に概収束することが知られている．ステップ幅については，時間とともに減少させる場合 (Nedič and Bertsekas, 2003) と定数とする場合 (Bertsekas et al., 2004) の両方でこの概収束が成り立つことが示されている．ステップ幅を定数とする場合では，収束が保証されるのは $0 < \alpha_t \equiv \alpha < (2-2\gamma\lambda)/(1+\gamma-2\gamma\lambda)$ のときである．なお，$\alpha = 1$ は常にこの範囲に含まれることに注意されたい．

Bertsekas et al. (2004) は，LSTD(λ) の推定するパラメータと真のパラメータの間の距離（つまり，サンプルが有限であることによる誤差）よりも，λ-LSPE の推定するパラメータと LSTD(λ) の推定するパラメータの間の距離の方が，速くゼロに収束することを指摘している．また，彼らはこれをもって λ-LSPE は LSTD と比べて遜色ないと主張している．Bertsekas et al. (2004) や，それより前の Bertsekas and Ioffe (1996) によると，テトリスのプレイを学習させる実験では，λ-LSPE は確かに LSTD に匹敵するアルゴリズムとなっている．さらに，λ-LSPE は常に well-defined である（十分なサンプルサイズ，あるいは適切な初期値のもとで，計算に必要な逆行列がすべて存在する）が，LSTD(λ) は方策オフ型の設定において必ずしも well-defined とは限らない．

■最小二乗法と TD(λ) 法のような逐次的な手法の比較　最小二乗法において安定性と正確性を向上させることの代償は，計算量の増加である．特に，n 個のサンプルに対して LSTD をそのまま実行すると，その計算量は $O(nd^2 + d^3)$ となり，RLSTD でも計算量は $O(nd^2)$ となる．同様のことが LSPE についてもいえる．対して，今まで説明してきた TD(λ) 法のような逐次的な手法は $O(nd)$ の計算量で（もしくは特徴量がスパースであればさらに少なく）済ませることができる．つまり，最小二乗法の計算を 1 回実行している間に，TD(λ) 法のような計算量の小さいアルゴリズムの計算を d 回実行できることになる．TD(λ) 法のような逐次的なアルゴリズムの精度を改善するには，観測したサンプルを保存し再利用する“経験再生” (experience replay) と呼ばれる手法を利用することができる (Lin, 1992)．d が大きいときは，経験再生を用いるだけで，TD(λ) 法のような手法でも同じ時間計算量で最小二乗法と同等の性能を達成できることもある．また，そもそも d が極端に大きいときは最小二乗法の実行自体が不可能な場合もある．例えば Silver et al. (2007) では，囲碁の価値関数を表現するのに 100 万以上の特徴量が用いられたが，d がこの規模の場合，最小二乗法は非現実的である．

しかし，観測の頻度，利用可能なストレージの容量やアクセス時間などを考慮に入れると，これらのアプローチを厳密に比較するのは大変複雑になってしまう．そのため，ここでは新しい観測を入手するのにかかるコストが無視できるようなケースについて考えてみることにしよう．つまり，解の精度が手法の計算速度にのみ依存し，データの保存や再利用を行う必要がないようなケースである．

二つのアプローチを比較するために，計算に利用できる時間の上限 T を固定する．T の

時間内では，最小二乗法は $n \approx T/d^2$ 個のサンプルまで処理でき，一方で計算量の小さい手法は $n' \approx nd$ 個のサンプルまで処理できる．ここで，得られるパラメータの精度について考えてみよう．θ_* をパラメータの極限とする．さらに θ_t を，例えば LSTD で t 個の観測を用いて得たパラメータとし，θ'_t を TD 法で得られたパラメータとする．このとき，$\|\theta_t - \theta_*\| \approx C_1 t^{-\frac{1}{2}}$ と $\|\theta'_t - \theta_*\| \approx C_2 t^{-\frac{1}{2}}$ になることが予想される．したがって次式が得られる．

$$\frac{\|\theta'_{n'} - \theta_*\|}{\|\theta_n - \theta_*\|} \approx \frac{C_2}{C_1} d^{-\frac{1}{2}} \tag{2.16}$$

ゆえに，もし $C_2/C_1 < d^{1/2}$ であれば，計算量の小さい TD(λ) 法のような手法がより良い精度を達成し，反対の状況では最小二乗法による計算がより良い精度を達成することが確認できる．例によって，これをあらかじめ決定するのは難しい．しかし式 (2.16) を踏まえると，おおよそではあるが，d が比較的小さい場合は最小二乗法の方が速く収束し，d が大きい場合は計算量の小さい逐次的な手法の方が同じ計算資源では良い結果を出すということがいえる．この分析は強化学習に限ったものではなく，逐次的に軽量な処理を繰り返す方法と最小二乗法のようなバッチ的な手法を比較するあらゆるケースでいえることである（教師有り学習における似たような分析に関しては Bottou and Bousquet (2008) を参照）．

Geramifard et al. (2007) はより効率的でロバストな手法の実現を目指して，iLSTD と呼ばれる LSTD アルゴリズムの亜種を提案した．iLSTD は LSTD のように行列 $\hat{A}_n$ とベクトル $\hat{b}_n$ を計算するが，各ステップで更新するのはパラメータベクトルの一つの次元のみとしている．特徴量がスパースな場合，つまり，特徴ベクトルのうち s 個の要素だけが非ゼロの場合，この手法の一反復あたりの計算量は $O(sd)$ に抑えられており，それでもなお，同じ数のサンプルを与えられた LSTD とほぼ同程度の精度を達成する例が実験的に示されている．n 個のサンプルを使って iLSTD を行ったときに必要な記憶容量は $O(\min(ns^2 + d, d^2))$ である．つまり，特徴量がスパースで $ns^2 \ll d^2$ のとき，iLSTD は LSTD や逐次的な TD 法と同程度の性能を達成しうる．

2.2.4 関数空間の選択

関数空間の選択について有意義な議論をしていくには，まず，近似された価値関数の精度の指標をあらかじめ決めておく必要がある．最終的な目的が単なる価値の予測のときは，状態空間上に適切な分布（μ とする）を構築し，それに基づいた平均二乗誤差 (MSE) を用いることが合理的であろう．だが，目的が制御器の学習で，価値推定が複雑なアルゴリズムの一部でしかない場合には，指標の選択の基準は曖昧にならざるをえない（具体的な例は第 3 章で後述）．後者の場合については，さらなる事前知識を必要とするため，ひとまずこの節では MSE を性能指標とした議論をしていくこととする．とはいえ，この節の結果の大部分は他の指標においても有用だと考えている．

学習とは，コンピュータのメモリ上で（有限に）表現できる関数の空間 $(\mathcal{F})$ から適切な関数を選択する作業として解釈することができる[10)]．さらに簡単のため，我々の扱う関数空間は d 個のパラメータで $\mathcal{F} = \{V_\theta \,|\, \theta \in \mathbb{R}^d\}$ と表現されていると仮定する．$\mathcal{F}$ の選択を決定する一つの指標として，$\mathcal{F}$ の関数が目標の関数 V をどれだけうまく近似できるか，というものがある．これを具現化した**関数近似誤差**の定義は以下のように与えられる．

$$\inf_{V_\theta \in \mathcal{F}} \|V_\theta - V\|_\mu$$

関数近似誤差を減少させるためには，関数空間は大きければ大きいほどよい（V_θ が線形の場合であれば，新たに独立な特徴量を追加するだけで関数空間 $\mathcal{F}$ の拡張を行える）．しかし，これからの議論で見えてくるように，“学習”はそもそも不完全な情報を利用するものなので，むやみに関数空間を拡大することは諸刃の剣である．簡単のため，議論を線形関数近似の話に絞り，そのパラメータの推定に式 (2.12) で定義された LSTD を用いるケースを考えたい．また，話をさらに簡単にするため，割引率 γ は 0 とし，$((X_t, R_{t+1}); t \geq 0)$ は $X_t \sim \mu$ に従う独立同分布 (i.i.d.) な標本であるとする．このとき，

$$V(x) = r(x) = \mathbb{E}\left[R_{t+1} | X_t = x\right]$$

となる．$\gamma = 0$ の仮定のおかげで，このケースでの LSTD は**経験誤差関数**

$$L_n(\theta) = \frac{1}{n} \sum_{t=0}^{n-1} (\theta^\top \varphi(X_t) - R_{t+1})^2$$

を最小化するアルゴリズムとして解釈できる．特徴空間の次元 d は十分大きく（具体的には $d \geq n$），$\varphi(X_0)^\top, \ldots, \varphi(X_{n-1})^\top$ を各行にもつ $n \times d$ 行列の階数は n であると仮定する．この仮定から，L_n の最小値は 0 であり，実際 θ_n が式 (2.12) の解であるときは，$t = 0, \ldots, n-1$ において $\theta_n^\top \varphi(X_t) = R_{t+1}$ が成立していることがわかる．ただし，観測された報酬がノイズを多く含むとき，得られる関数は価値関数 V の良くない近似となる．つまり，**推定誤差** $\|\theta_n^\top \varphi - V\|_\mu$ は大きくなる．解が“ノイズ”に適合してしまうこの現象は**過学習**と呼ばれる．逆に，d が比較的小さい場合（もっと一般的には，比較的小さい関数空間 $\mathcal{F}$ が選ばれる場合），過学習は起こりにくい．その代わり，この場合は関数近似誤差が大きくなってしまうだろう．つまり，関数近似誤差と推定誤差の間にはトレードオフが存在する．

このトレードオフを定量化するために，次の損失

$$L(\theta) = \mathbb{E}\left[(\theta^\top \varphi(X_t) - R_{t+1})^2\right]$$

を最小にするパラメータベクトルを θ_* としよう．すなわち，

$$\theta_* = \operatorname*{argmin}_\theta L(\theta)$$

---

10) 精度の問題，特に計算機が実数を正確に表現することができない問題については無視することにしよう．

となる（ちなみに，V_{θ_*} が実際に V の $\mathcal{F}$ への射影になっていることは比較的簡単な計算で示すことができる）．確率変数である報酬の絶対値が定数 $\mathcal{R}$ によって抑えられているとき，式 (2.12) の解 θ_n を使って予測される予測値 $\theta_n^\top \varphi$ を $[-\mathcal{R}, \mathcal{R}]$ へ入るように切り捨てた予測値 $\widetilde{\theta_n^\top \varphi}$ に対し，次のような不等式が成り立つことが知られている (Györfi et al., 2002, Theorem 11.3, p. 192).

$$\mathbb{E}\left[\|\widetilde{\theta_n^\top \varphi} - V\|^2\right] \leq C_1 \frac{d\,(1+\log n)}{n} + C_2\, \|\theta_*^\top \varphi - V\|_\mu^2 \tag{2.17}$$

ここで C_2 は普遍定数[11] である．一方で C_1 は報酬の分散と，$\mathcal{R}$ の二乗のいずれかの大きい方に比例する定数である[12]．右辺の第一項は推定誤差の上界に関係する量であり，第二項は関数近似誤差に由来している．もし d を増加させると，第一項は増加し，第二項は一般的に減少する．

上式の右辺は次のような議論で説明できる．まず，大数の法則より，$L_n(\theta)$ はあらゆる“固定された”値 θ において $L(\theta)$ に収束する．ゆえに，$L_n(\theta)$ の最小化によって，θ_* の良い近似（さらに正確には $\theta_*^\top \varphi$ の近似）が得られることが期待できる．しかし，$L_n(\theta)$ がすべての θ において $L(\theta)$ に収束することは，$L(\cdot)$ に対して $L_n(\cdot)$ が“一様に近い”ことを保証するものではない．したがって，L_n を最小化するパラメータは，L を最小化するパラメータほど小さく誤差を抑えられないかもしれない（図 2.2 を参照）．二つの関数が互いに一様に近い（例えば，集合 $\{\theta \mid L_n(\theta) \leq L_n(0)\}$ の上で一様に近い）ことを保証するのは θ の次元が大きければ大きいほど難しくなるので，推定誤差と関数近似誤差の間にはトレードオフが存在することがわかる．

式 (2.17) によく似た上界は，$\gamma > 0$ の場合でも，例えば，価値関数が LSTD を使って推定されるならば成り立つことが知られている．また，$(X_t; t \geq 0)$ が非独立な場合でも，時間とともに適切に“混合”[13] していくならば成り立つことが知られている（こうした方向性での最初の研究については Antos et al. (2008) を参照）．例えば $\gamma \neq 0$ のときは，ノイズは即時報酬 R_{t+1} と“次の状態” Y_{t+1} の両方から生じ，同じような 2 項が得られる．関数近似誤差と推定誤差のトレードオフは制御アルゴリズムが使われる場合でも現れる．例えば，適合価値反復，適合 actor-critic 法，近似方策反復法の亜種に対して，それぞれ有限サンプルにおける性能のバウンドが導かれている (Munos and Szepesvári, 2008; Antos et al., 2008, 2007).

近年，関数空間を正しく選ぶことの重要性自体もさることながら，その難しさを解消する必要性も認識され始めており，自動的に関数空間を選ぶことに対し関心が高まっている．このような自動化を目的とするアプローチの一つとして，必要最低限の特徴量の集合

---

[11] 訳注: 今着目している変数に依存しない定数のこと．

[12] なお，C_1 は $\mathcal{R}$ が大きくない限り，X_t の分布に依存して決まることに注意する．Györfi et al. (2002) では，この不等式を推定誤差の期待値に対してのみ証明しているが，これに似た不等式が高い確率で成り立つ，ということも示すことができる．

[13] 訳注: “混合”とは，定常分布に収束していくことを表す．

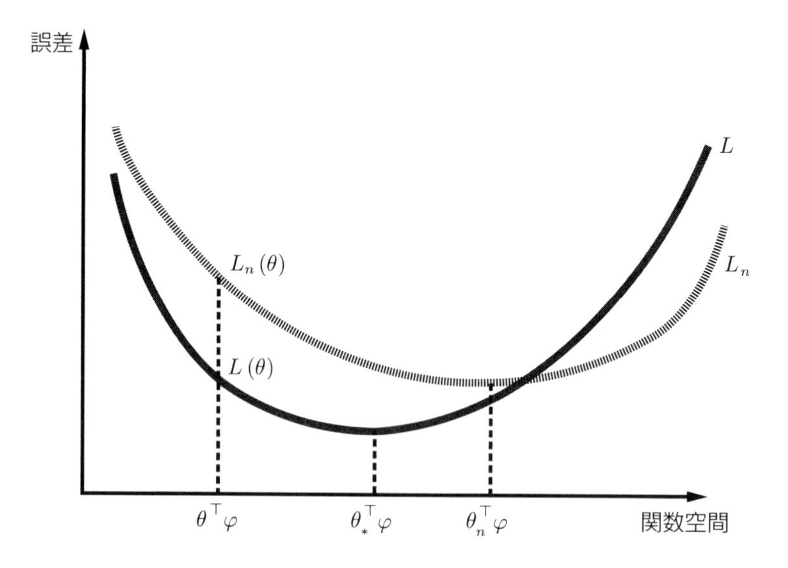

図 2.2　$L_n(\cdot)$ の $L(\cdot)$ への収束．経験誤差 L_n と真の誤差 L の曲線はパラメータ θ の関数として表される．もし，L_n と L の曲線が一様に近い（すなわち，すべての θ で $L_n(\theta) - L(\theta)$ が小さい）ならば，$\theta_n^\top \varphi$ と V の誤差は $\theta_*^\top \varphi$ と V の誤差に近づく．

（基底関数）を探す，というものがある．このアプローチには，LSTD の文脈で勾配法やクロスエントロピー法を用いたガウシアン RBF のパラメータのチューニング (Menache et al., 2005) や，数値解析とノンパラメトリックな手法の組み合わせ (Mahadevan, 2009) を用いて新しい基底関数を派生させる手法 (Keller et al., 2006; Parr et al., 2007) などが含まれる．しかし，これらの手法は関数近似誤差と推定誤差のトレードオフをコントロールしようと試みたものではない．この穴を埋めるため，教師有り学習を起点とするノンパラメトリックな手法が研究されている．この方向性での研究例は，回帰木を用いるもの (Ernst et al., 2005) や価値推定アルゴリズムを "カーネル化" するもの (Rasmussen and Kuss, 2004; Engel et al., 2005; Ghavamzadeh and Engel, 2007; Xu et al., 2007; Taylor and Parr, 2009) が含まれる．これらのアプローチは損失をコントロールするために，推定値を陽に，あるいは陰に正規化する．Kolter and Ng (2009) は，LSTD の文脈における特徴選択を行うために，ℓ^1 正則化を用いる LASSO に影響を受けたアルゴリズムを考案した．以上のアルゴリズムはすべて教師有り学習の主要な手法に着想を得て提案されているが，それらの統計的な性質についてはあまりよく知られていない．一方，Farahmand et al. (2009, 2008) は正則化を基にした別のアプローチを統計的な保証付きで開発した．

ノンパラメトリック手法の中には，計算コストの高さが問題になるものもある．それを踏まえると，アルゴリズムが "プランニング"[14] のために用いられ，高速なシミュレータ

[14] 訳注: プランニングとは，既知の（あるいは学習した）環境のモデルを利用して（最適）価値関数や（最適）方策を構築することを指す．

でデータを生成することができる（新しくデータを作るためのコストが無視できる）場合は，精緻だが計算コストの高いノンパラメトリック手法を使うよりも，適切な逐次的手法と大量の特徴量を用いて簡単な線形関数近似器を使う方が良いかもしれない．もちろん，利用できるデータが限られていて，主な関心が解の精度にある場合や，問題が複雑で関数近似器のチューニングが必要であるにもかかわらず，手作業によるチューニングが不可能な場合は，そうした計算の効率性はそこまで重要とはならない．

第 3 章

制御

さて，本章からは（準）最適な方策を学習する問題について議論しよう．まず学習制御問題 (control learning problem) の様々な形式を議論し（3.1 節），続けて対話型学習 (interactive learning) についても述べる（3.2 節）．最後の 2 節（3.3，3.4 節）では，古典的な動的計画法の学習バージョンに相当するものについて議論する．

3.1 学習問題一覧

図 3.1 は学習制御問題の基本型を表している．問題の領域を分割する最初の基準は，学習器が能動的に観測するサンプルに対して影響を与えるか否かである．学習器が能動的に影響を与える場合，それを**対話型学習問題** (interactive learning problem) と呼び，そうでない場合は**非対話型学習問題** (non-interactive learning problem) と呼ぶ[1)]．対話型学習は，サンプルの分布に影響を与える追加的な手段を学習器がもつため，非対話型学習より学習が簡単になりうる．しかし，対話型学習と非対話型学習の目的は通常異なり，これ

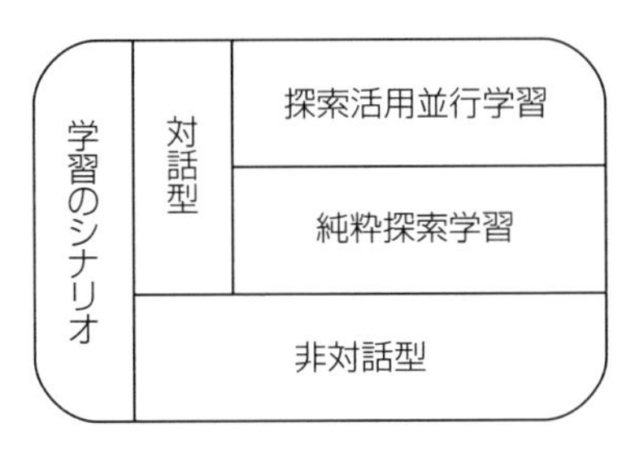

図 3.1　強化学習問題のタイプ

1) “能動学習 (active learning) ” と “受動学習 (passive learning) ” という用語の方がピンとくる読者がいるかもしれない．実際，それらの意味はここで議論している状況を含んでいる．しかし残念ながら “能動学習” という用語は，機械学習において対話型学習の特別な場合としてすでに使用されている．したがって，対話型学習を “能動学習” と混同することを避けるためにも，非対話型学習について議論する際も “受動学習” という単語を使わずに説明を続けていきたいと思う．

らの問題を一概に比較することはできない．

当然ながら，非対話型学習は得られた観測サンプルを基に良い方策を見つけ出すことを目的としており，非対話型学習における一般的な状況では，サンプルは固定されている．例えば，学習を開始する前に得られた，ある物理システムの実験の結果がサンプルになる場合がある．機械学習の用語では，これは**バッチ学習問題** (batch learning problem) に相当する（このバッチ学習 “問題” を，逐次的（あるいは再帰的，反復的）な学習方法[2] の反対であるバッチ学習 “法” (batch learning method) と混同せぬよう注意されたい）．観測サンプルは制御対象ではないので，学習器は固定されたサンプルを使うことが想定されており，必然的に方策オフ型学習の状況を扱うことになる．その他の設定では（すなわち，新たなデータを生成するためのシミュレータがある場合など），学習器はより多くのデータを要求できることがある．この設定では，良い方策をできる限り速く学習することも目的になりうる．

では，対話型学習はどのようなときに必要になるだろうか．例えば，閉ループの形で実際のシステムと相互に影響し合いながら学習を行わなければいけない状況が考えられる．その場合の自然な目的は，学習する問題を**探索活用並行学習**（オンライン学習; online learning）[3] の一つと定義し，**オンライン性能** (online performance) を最適化することであろう．オンライン性能は種々の方法で測定される．指標の一つとして，学習中に得られた報酬の総和が考えられる．他にも，学習器の将来における期待収益が最適収益と異なる回数，つまり学習器が “ミス” をしてしまう回数も指標になりうる．または，非対話型学習のときのように，単に良い性能の方策をできる限り速く求めること（もしくは，有限のサンプルサイズで良い方策を探すこと）もゴールになりうる．ただし，非対話型学習の状況とは違い，対話型学習における学習器は “良い方策を探す機会を最大化するようにサンプルを制御する” という選択肢が与えられている．この学習問題は**純粋探索学習**（能動学習; active learning）[4] の一種である．

シミュレータが利用可能なとき，学習アルゴリズムは**プランニング問題** (planning problem) を解くために使うことができる．プランニングへの適用においては前述のオンライン性能指標は重要ではなく，アルゴリズムの実行時間や必要となるメモリの方が重要になる．

---

[2] 訳注: 確率的勾配法などのオンライン学習 “法” のことを指す．

[3] 訳注: “online learning” は直訳すると “オンライン学習” であるが，前述のような確率的勾配法などの学習手法を表すオンライン学習 “法” ではなく，オンライン学習 “問題” としての意味を明確にして区別するため，本書では “探索活用並行学習” と訳すこととした．

[4] 訳注: “active learning” は直訳すると “能動学習” であるが，能動学習は機械学習の分野では，教師ラベルを付与したい入力データを能動的に選択してラベル付けをし，そのデータを教師データとして利用できる状況での学習をしばしば意味する (Settles, 2009)．しかし，ここではそのような意味では使われず，前述の探索活用並行学習と対立する概念として使われているため，本書では “純粋探索学習” と訳すこととした．

3.2 閉ループでの対話型学習

対話型学習を対話型学習たらしめるものは，**探索** (exploration) の必要性である．本節ではまずバンディット問題（すなわち，状態が一つだけのMDP）を例として，探索活用並行学習と純粋探索学習の両方における探索の必要性を説明する．さらに本節ではMDPにおける純粋探索学習についても議論する．これはMDPにおける探索活用並行学習に役立つアルゴリズムに関する議論に繋がる．

3.2.1 バンディット問題における探索活用並行学習

まずは状態を一つしかもたないMDPにおいて，学習中の収益を最大化する問題を考えてみよう．状態は一つしか存在しないので，この問題は古典的な**バンディット問題** (bandit problem) の一例である (Robbins, 1952)．少し考えればわかるように，これまで経験的に得られた報酬が最大となる行動（**グリーディ**な行動）は，最適な行動になるとは限らず，常にこの行動を選択するバンディット学習器は，大きな損失を出してしまうだろう．したがって，優秀な学習器は，経験上では最適とされる行動以外の行動も取る必要がある．すなわち**探索**する必要があるということだ．すると，活用目的の行動選択（すなわち，グリーディな行動選択）と，探索目的の行動選択の頻度をどのようにバランスさせればよいのか，という自然な疑問が生じる．

単純な戦略として，固定された確率 $\varepsilon > 0$ でランダムな行動を選択し，確率 $(1-\varepsilon)$ でグリーディな選択をするものがある．これがいわゆる **ε-グリーディ** (ε-greedy) と呼ばれる戦略である．他にも “ボルツマン探索 (Boltzmann exploration) ” と呼ばれるシンプルな戦略がある．この戦略では，時刻 t での行動の標本平均 $(Q_t(a); a \in \mathcal{A})$ が与えられたとき，以下のカテゴリカル分布 $(\pi(a); a \in \mathcal{A})$ から次の行動がサンプリングされる．

$$\pi(a) = \frac{\exp(\,\beta\, Q_t(a)\,)}{\sum_{a' \in \mathcal{A}} \exp(\,\beta\, Q_t(a')\,)}$$

ここで $\beta > 0$ は行動選択のグリーディさを制御するパラメータである（$\beta \to \infty$ のとき完全にグリーディな選択となる）．ε-グリーディとボルツマン探索の行動選択の違いは，ε-グリーディでは一つ一つの行動の相対的な価値が考慮されていないが，ボルツマン探索では考慮されている点である．行動価値の推定値が得られる限り，これらのアルゴリズムを状態が一つだけでないMDPのケースへと容易に拡張できる．

ε-グリーディのパラメータを時間とともにうまく適応させ，チューニングを行えば，その他のより洗練されたアルゴリズムと比べても遜色ない結果を得ることも可能である．しかしながら，ε-グリーディではパラメータの最適な選択は問題依存であり，自動的にパラメータを選択しつつ良い結果を得る方法は知られていない (Auer et al., 2002)．同様のことはボルツマン探索でもいえる．

より良いアプローチはLai and Robbins (1985) によって導入された，いわゆる“**不確かなときは楽観的に**”(optimism in the face of uncertainty; OFU) という原則を用いることである．これは，学習器は常に最良な信頼上限 (upper confidence bound; UCB) をもつ行動を選択すべき，とする原則である．とても成功しているアルゴリズムの一つとして，UCB1がある．UCB1は以下のUCBを時刻tにおける行動aに割り当てることで，この原則を実装している (Auer et al., 2002).

$$U_t(a) = r_t(a) + \mathcal{R}\sqrt{\frac{2\log t}{n_t(a)}}$$

ただし，$n_t(a)$ は行動aが時刻tまでに選択された回数，$r_t(a)$ は行動aにより観測された$n_t(a)$ 個の報酬の標本平均である．なお，報酬は $[-\mathcal{R}, +\mathcal{R}]$ で値をとるものとする．$U_t(a)$ を使って行動選択したときの失敗確率はt^{-4}であることが示されている．行動aに関して利用できる情報が少ないほど，行動のUCBは大きくなることに注意されたい．さらに，ある行動のUCBの値は，たとえその行動が試行されなかったとしても増加する．アルゴリズム3.1とアルゴリズム3.2はUCB1の擬似コードを示しており，二つの手順を示している．一つは行動選択のために用いられ，もう一つは内部の統計量を更新するためのものである．

各行動で与えられる報酬の標準偏差が報酬の値域 $[-\mathcal{R}, +\mathcal{R}]$ に比べて小さいとき，これらの標準偏差を推定し上記のアルゴリズムにおける$\mathcal{R}$の代わりとして使うこともできる．この手法の基礎はAudibert et al. (2009) によって提案され，分析が行われた．Audibert et al. (2009) のアルゴリズムはUCB1よりも優れた性能を示すことも多く，この手法にこれ以上本質的な改善はできないことが示されている．3.2.4節で説明するアルゴリズムはUCB1と類似した方法で，MDPにおける“不確かなときは楽観的に”の原理を実装している．

ここまで議論してきた設定は，頻度論的な価値観に基づく設定である．すなわち，唯一置かれる仮定は，報酬の分布が行動と時間ステップにおいて独立かつ $[0, 1]$ の範囲の値をとる，というものであり，報酬の分布に関するその他の事前知識は仮定しない．これに対して，歴史的にも重要な別の設定として，報酬の分布が既知のパラメトリックな族に属し，パラメータが既知の事前分布をもつ，というものがある．このときの問題は，総累積割引報酬和の期待値を最大化するような方策を見つけることである．なおここで期待値は，確率変数である報酬とそれらの分布のパラメータについての期待値である．この問題は，時刻tにおける報酬分布のパラメータの事後分布そのものが，時刻tにおける状態となるMDPとして表すことができる．例えば，報酬がベルヌーイ分布に従い，パラメータがベータ分布からサンプリングされたとする．そのとき，時刻tにおける状態は$2|\mathcal{A}|$次元ベクトルになる（なぜなら事後分布であるベータ分布は二つのパラメータで書き表すことができるからである）．したがって，このMDPの状態空間は単純な問題でさえかなり複

Algorithm 3.1 UCB1における行動選択を実装した関数．初期状態を$n[a]=0$, $r[a]=0$, 受け取る報酬は$[0,1]$の間の値だと仮定する．また，$c>0$において$c/0=\infty$である．

function UCB1SELECT(r, n, t)
Input: 大きさ$|\mathcal{A}|$の配列rとn，それまでの時間ステップ数t
1: $Umax \leftarrow -\infty$
2: **for all** $a \in \mathcal{A}$ **do**
3: $U \leftarrow r[a] + \mathcal{R} \cdot \mathrm{sqrt}(2 \cdot \log(t)/n[a])$
4: **if** $U > Umax$ **then**
5: $a' \leftarrow a, Umax \leftarrow U$
6: **end if**
7: **end for**
8: **return** a'

Algorithm 3.2 UCB1における更新ルーチンを実装した関数．行動回数のカウンタと平均報酬の推定値の更新が各反復の後に呼び出される．

function UCB1UPDATE(A, R, r, n)
Input: 選択された行動A，それに伴う報酬R，大きさ$|\mathcal{A}|$の配列rとn
1: $n[A] \leftarrow n[A] + 1$
2: $r[A] = r[A] + 1.0 \,/\, n[A] \cdot (R - r[A])$
3: **return** r, n

雑になってしまう．Gittins (1989) はこの問題に対する画期的な研究を行った．驚くべきことに，彼は上記のMDPの最適方策が単純なインデックス形式で表せることを示した．さらに，いくつかの特別な場合において，厳密かつ効率的に計算できることも示した（例として，先に述べたベルヌーイ報酬分布の場合が考えられる）．このいわゆる**ベイズ的アプローチ**のややこしいところは，ランダムに決定される環境において平均的に最適である方策であっても，出現しうる個々の環境でうまく機能するかどうかの保証はない，という点にある．だがベイズ的アプローチには，手続き的にわかりやすく，探索の問題を単なる計算の問題に落とすことができる，という利点がある．

3.2.2 バンディット問題における純粋探索学習

次は純粋探索学習について議論したい．今までどおり，状態が一つしかないMDPを考える．ここでは，T回の相互作用のもとで最も高い即時報酬をもつ行動を見つけ出すことを目標とする．相互作用を行う間に受け取る累積報酬の最大化は目的ではないので，学習器がある行動を試行しないとすれば，それはその行動が他の行動よりも悪いということが十分に確信できるときのみである．したがって，選択される行動はすべて，最適ではない行動を見つけ出すための試行である．これを行う簡単な方法の一つは，行動 a の信頼上限 $U_t(a)$ と信頼下限 $L_t(a)$ を計算し，$U_t(a) < \max_{a' \in \mathcal{A}} L_t(a')$ となる行動 a はとらないことである．ここで，信頼上限 $U_t(a)$ と信頼下限 $L_t(a)$ は，以下のように定義される．

$$U_t(a) = Q_t(a) + \mathcal{R}\sqrt{\frac{\log(2|\mathcal{A}|T/\delta)}{2t}}$$
$$L_t(a) = Q_t(a) - \mathcal{R}\sqrt{\frac{\log(2|\mathcal{A}|T/\delta)}{2t}}$$

ただし，$0 < \delta < 1$ は，目標とする信頼度を定めるパラメータで，アルゴリズムが最も高い期待報酬をもつ行動の提案に失敗することを許す程度を表す．定数オーダーでの違いと，信頼上限と信頼下限において $\mathcal{R}$ の代わりに推定された分散を使うこと以外では，このアルゴリズムの改善は今のところ知られていない (Even-Dar et al., 2002; Tsitsiklis and Mannor, 2004; Mnih et al., 2008).

3.2.3　マルコフ決定過程における純粋探索学習

MDP における純粋探索学習の理論的研究はほんのわずかしかない．これについて，Thrun (1992) は決定論的な環境における考察を行った（Berman (1998) も参照）．これから述べるように，Thrun (1992) が発見した計算量の上界は，実は以下のように改善することができる[5)].

もし MDP $\mathcal{M}$ が決定論的なものなら，$n = |\mathcal{X}|$，$m = |\mathcal{A}|$ とそれぞれ置くと，MDP の遷移構造は n^2m のステップ数で完全に解き明かすことができる (Ortner, 2008)．これを達成する手順は以下のようになる．ここでの具体的な目標は，すべての状態におけるすべての行動を無駄無く一度のみ試行（探索）することである．そのために，すべての時刻 t において，まず，ダイナミクスの現在の“既知の部分”を参照し，まだ探索されていない行動がある状態の中で，今の地点から最も少ないステップ数で到達できる状態を見つける．そして，そのような状態に最大 $n-1$ ステップで到達し，そこで未試行の行動を探索する．つまり，探索する状態と行動の組は全部で nm 個あるので，必要な時間ステップの合計は n^2m となる[6)]．遷移構造さえわかれば，すべての状態と行動の組を最大 $k = \log(nm/\delta)/\varepsilon^2$ 回探索することで，確率 $1-\delta$ で報酬の構造を ε の精度で解明できる．もし，何らかの探索の方策を用い，$e(\leq n^2m)$ の時間ステップですべての状態と行動の組を探索できるとすれば，学習器は ke ステップで ε-精度の環境のモデルを得ることができる．そのようなモデ

[5)] 意外なことに，この議論は今まで考察されていなかった．

[6)] この上界は Thrun (1992) の改良版であり，これが漸近的な意味においてタイトである例を示すことができる．

ルがあれば，学習器はそれぞれの状態において最適から $4\gamma\varepsilon/(1-\gamma)^2$ の誤差内の価値を生み出す方策を学習することが可能である（ここでは簡単のため，$\gamma \geq 0.5$ としている）．まとめると，学習器は $n^2m + 4e\log(nm/\delta)/((1-\gamma)^2\varepsilon)^2$ ステップ以内で ε-最適な方策を探し出すことができる．

筆者の知る限り，このように最適に一様に近い戦略を見つけるという問題への取り組みが，確率的な MDP に対して行われたことはない．Even-Dar et al. (2002) は有限な状態空間をもつ確率的 MDP において純粋探索学習への考察を行ったが，それは学習器が MDP の状態を任意の状態にリセットできるという（強力な）前提のもとであり，未知の確率的 MDP を扱うということはしていない．

MDP の中には，ランダムな探索によって状態空間のすべての状態を訪問するのに指数関数的な時間を要するものもあるため，この取り組みが確かに大きな挑戦であることがわかる．例として，n 個の状態 $\mathcal{X} = \{1, 2, \ldots, n\}$ からなる，一本の鎖状の MDP を考える．ここで，$\mathcal{A} = \{L_1, L_2, R\}$ とし，行動 L_1 と L_2 は状態を一つ戻すもの，行動 R は状態を一つ進めるものとする．さらに，$\mathcal{X}$ の外に出てしまうような行動が選択されたときは，状態は境界上にとどまり，変化しないものとする．このとき，一様にランダムに行動を選択する方策を取った場合，状態 1 から状態 n まで到達するのに平均して $3(2^n - n - 1)$ ステップが必要になるが (Howard, 1960)，状態空間を系統立てて探索する方策を用いれば，$O(n)$ のステップ数で状態 1 から状態 n へと到達することができる．ここで即時報酬は，状態 n で 1，それ以外のすべての状態で 0 と仮定する．ここで，探索をしきった後で活用を行う学習器 (explore-then-exploit learner) を考える．この学習器は，推定値が十分正確になるまで（例えば，すべての状態と行動の組を十分に多く探索するまで）ランダムに MDP を探索するものとする．このような学習器は，活用を始める前に指数関数的に多くのステップ数を費やし，探索開始時からの報酬和が最適値から大きく離れてしまうことは明らかである．すなわち，このあと定義する，多大な“リグレット”を被ることになる．これはたとえ，学習器が各行動に対する何らかの価値推定を行い，それにより単純な探索戦略を用いたとしても，状況はさほど改善しない．

（リセットなしの）純粋探索学習に密接に関連した問題は Kearns and Singh (2002) が研究し，E^3 アルゴリズムと呼ばれるアルゴリズムを提案した．E^3 アルゴリズムは，未知の（確率的）MDP を探索していき，“今まさに訪問した”状態における良い方策がわかり次第，そこでの探索をやめる，というアルゴリズムである．彼らはその研究の中で，割引のある MDP において E^3 アルゴリズムは，関連するパラメータについて多項式オーダーの行動数と，多項式オーダーの計算時間で探索が終わることを示した．その後の研究で，Brafman and Tennenholtz (2002) は E^3 アルゴリズムを洗練した R-max アルゴリズムを提案し，同様の結果を証明した．E^3 の別の改良として，Domingo (1999) が開発したものもある．これは MDP に決定論的に近い遷移が多いときに，適応サンプリングを使用することでアルゴリズムの効率を上げることができる．割引がない場合，E^3 および R-max は両方とも，MDP のいわゆる ε-混合時間 (ε-mixing time) の情報が必要となる．この情報がない場合，これらのアルゴリズムはいつ停止すべきかわからなくなってしまう (Brafman and Tennenholtz, 2002).

ただ，これらの純粋探索学習アルゴリズムの実用上の問題における性能についてはほとんど知られていない．いくつかの（経験則的なアルゴリズムについての）実験結果は，Şimşek and Barto (2006) の論文に記載されている．

3.2.4　マルコフ決定過程における探索活用並行学習

MDP における探索活用並行学習の話に戻ろう．考えられる目標の一つは，**リグレット** (regret)，すなわち最適な方策によって達成されたであろう報酬和と，学習器が受け取る報酬和との差を最小化することである．この節の最初のパートではまずこの問題について考察する．考えられるもう一つの目標は，アルゴリズムの将来の期待収益が，最適な期待収益をある一定より下回る試行数を最小化することである．この問題をこの節の二つ目のパートで考察する．

■リグレット最小化と UCRL2 アルゴリズム　有限で小規模な MDP $\mathcal{M} = (\mathcal{X}, \mathcal{A}, \mathcal{P}_0)$ を考える．ここで，ランダムな即時報酬は $[0,1]$ の間の値をとると仮定する．さらに簡単のため，すべての決定論的（定常）方策は最終的に確率 1 ですべての状態を訪問することができるとする．すなわちこの MDP は，再帰的かつ互いが連結している状態の集まりが一つしか存在しない (unichain)．この条件下では，すべての方策 π は，$\mathcal{X}$ 上の再帰的なマルコフ連鎖と一意に定まる定常分布 μ_π と対応している．方策 π による長期平均報酬を次のように定義する．

$$\rho^\pi = \sum_{x \in \mathcal{X}} \mu_\pi(x) r(x, \pi(x))$$

なお，長期平均報酬が MDP $\mathcal{M}$ に依存することを強調したい場合は，$\rho^\pi(\mathcal{M})$ と書くことにする．また，最適な長期平均報酬を示すのに ρ^* を用いる．

$$\rho^* = \max_{\pi \in \Pi_{\mathrm{stat}}} \rho^\pi$$

ここで，ある学習アルゴリズム $\mathcal{A}$ を考える（つまり，$\mathcal{A}$ は過去の系列に依存した行動則である）．$\mathcal{A}$ による**リグレット**は次のように定義される．

$$\mathbf{R}_T^{\mathcal{A}} = T\rho^* - \mathcal{R}_T^{\mathcal{A}}$$

ただし，$\mathcal{R}_T^{\mathcal{A}} = \sum_{t=0}^{T-1} R_{t+1}$ は，$\mathcal{A}$ に従ったとき時刻 T までに受け取った報酬の総和とする．リグレットを最小にすることは報酬和を最大化することと明らかに同じであるので，ここからはリグレットを最小化する問題を考えることにする．ここで，$\mathbf{R}_T^{\mathcal{A}} = o(T)$ となっている場合，つまりリグレットの増加率が劣線形[7] であるとき，$\mathcal{A}$ による長期平均報酬は ρ^* となり，**一致性**をもつことが保証される．

これから説明する UCRL2 アルゴリズムのリグレットは対数オーダーで抑えることが可能である．この上界を記述するために，いわゆる MDP の**直径**と呼ばれる量 D を，MDP のある状態から他の状態にたどり着くために要する（平均）ステップ数の最大値と定義する．さらに，g は最適方策と次善の方策との間のパフォーマンスの“ギャップ”であるとする．このとき，Auer et al. (2010) によれば，UCRL2 の信頼度パラメータが $\delta = 1/(3T)$ に設定されている場合，リグレットの期待値は次式を満たす．

$$\mathbb{E}\left[\mathbf{R}_T^{\mathrm{UCRL2}(1/(3T))}\right] = O(D^2|\mathcal{X}|^2|\mathcal{A}|\log(T)/g)$$

このバウンドにおける一つの問題点は，ギャップ g が非常に小さくなる可能性があり，そのときこの上界は，T の値が小さければ無意味であるかもしれないことである．その代わりとして，g とは独立な次のような上界も存在する (Auer et al., 2010).

$$\mathbb{E}\left[\mathbf{R}_T^{\mathrm{UCRL2}(1/(3T))}\right] = O(D|\mathcal{X}|\sqrt{|\mathcal{A}|T\log T})$$

MDP の直径が無限のときには，これらのバウンドが無意味であることに注意されたい．これは MDP に過渡状態 (transient state)，つまり正の確率でたどり着くことができない状態があるときに起こる．MDP が過渡状態を有するときでもリグレットの上界が解明されているアルゴリズムは，Bartlett and Tewari (2009) を除いて著者は知らない．しかしこのアルゴリズムも，MDP のいくつかのパラメータについての事前知識を必要とする．ただ，そのような知識が非自明な上界に本当に必要かどうかはまだ知られていない．過渡状態で厄介なのは，任意の状態が，過渡なのかそれともただ到達するのが難しいのかを判別するのに相当な計算量を要するということである．

UCRL2 アルゴリズム（アルゴリズム 3.3）は“不確かなときは楽観的に”の原則を実装している．このアルゴリズムは遷移確率と即時報酬関数の推定値の周辺に信頼区間を構築し，これをもって“もっともらしい” MDP の集合 $\mathcal{C}_t$ を定義する．方策を計算することに関していえば，UCRL2 は，次のようにクラス内で（おおよそ）最高の平均報酬を達成するモデル $\mathcal{M}_t^* \in \mathcal{C}_t$ と方策 π_t^* の組を見つける．

$$\rho^{\pi_t^*}(\mathcal{M}_t^*) \geq \max_{\pi, \mathcal{M} \in \mathcal{C}_t} \rho^{\pi}(\mathcal{M}) - 1/\sqrt{t}$$

UCRL2 の本質的な要素は，各時刻で方策を必ずしも更新せず，少なくとも一つの状態と行動の組に関して，利用可能な統計量の質が十分な水準に達するまで更新のタイミングを待つことである．これは，現在の状態と行動の組における訪問数のカウントのチェックによってアルゴリズム 3.3 の 6 行目で行われている．

---

[7] 訳注: オーダーとしては線形より小さいが，線形は含まないことに注意．

Algorithm 3.3　UCRL2アルゴリズム．

function UCRL2(δ)
Input: 信頼度パラメータ $\delta \in [0,1]$

1: **for all** $x \in \mathcal{X}$ **do** $\pi[x] \leftarrow a_1$　▷ 方策の初期化
2: $n_2, n_3, r, n_2', n_3', r' \leftarrow 0$　▷ 配列の初期化
3: $t \leftarrow 1$
4: **repeat**
5: 　$A \leftarrow \pi[X]$
6: 　**if** $n_2'[X,A] \geq \max(1, n_2[X,A])$ **then**　▷ 新しい情報が十分収集できたか？
7: 　　$n_2 \leftarrow n_2 + n_2'$, $n_3 \leftarrow n_3 + n_3'$, $r \leftarrow r + r'$　▷ モデルの更新
8: 　　$n_2', n_3', r' \leftarrow 0$
9: 　　$\pi \leftarrow$ OPTSOLVE(n_2, n_3, r, δ, t)　▷ 方策の更新
10: 　　$A \leftarrow \pi[X]$
11: 　**end if**
12: 　$(R, Y) \leftarrow$ EXECUTEINWORLD(A)　▷ 行動に伴う環境の遷移を実行
13: 　$n_2'[X,A] \quad \leftarrow n_2'[X,A] + 1$
14: 　$n_3'[X,A,Y] \leftarrow n_3'[X,A,Y] + 1$
15: 　$r'[X,A] \quad \leftarrow r'[X,A] + R$
16: 　$X \leftarrow Y$
17: 　$t \leftarrow t + 1$
18: **until** `True`

このアルゴリズムの重要なステップは，π_t^* の計算である．これは，手順OPTSOLVE（アルゴリズム3.4を参照）によって行われる．OPTSOLVEは，ある特別なMDP上で割引のない価値反復を行う．このMDPでの行動は (a, p) という形をとる．ここで，$a \in \mathcal{A}$ で，p はこれまでに (x, a) で収集された統計量を踏まえたもっともらしい次の状態の分布である．(a, p) に伴う，次の状態の分布はまさにこの p で与えられる．さらに，(a, p) に伴った x における即時報酬は，(x, a) での統計量に基づいた最ももっともらしい報酬である．

■PAC-MDPアルゴリズム　前述したように，リグレットを最小化することの代案は，学習器の将来の期待収益が，最適な収益を特定のマージンより下回る試行数を最小限にすることである (Kakade, 2003). この試行数を，MDPの通常のパラメータの多項式によって高い確率で抑えることができ，さらにステップごとに必要となる計算量も同じく多項式で抑えることができる探索活用並行学習アルゴリズムはPAC-MDPと呼ばれる．PAC-MDPであることが知られているアルゴリズムは，R-max (Brafman and Tennenholtz, 2002;

Algorithm 3.4 UCRL2 を用いて最適方策を見つけるための手続き.

```
function OptSolve(n_2, n_3, r, δ, t)
Input: カウンタ n_2, n_3, 報酬和 r. 信頼度パラメータ δ ∈ [0,1]
 1: u[·] ← 0, π[·] ← a_1                                   ▷ 方策を初期化
 2: repeat
 3:     M ← −∞, m ← ∞
 4:     idx ← SORT(u)                           ▷ u[idx[1]] ≥ u[idx[2]] ≥ ...
 5:     for all x ∈ 𝒳 do
 6:         u_new[·] ← −∞
 7:         for all a ∈ 𝒜 do
 8:             r ← r[x,a] / n_2[x,a]
                    +sqrt( 7 · ln(2 · |𝒳| · |𝒜| · t / δ) / (2 · max(1, n_2[x,a])) )
 9:             c ← sqrt( 14 · ln(2 · |𝒜| · t / δ) / max(1, n_2[x,a]) )
10:             p[·] ← n_3[x,a,·] / n_2[x,a]
11:             p[idx[1]] ← min(1, p[idx[1]] + c/2)
12:             j ← |𝒳| + 1
13:             repeat
14:                 j ← j − 1
15:                 P ← SUM(p[·]) − p[idx[j]]
16:                 p[idx[j]] ← min(0, 1 − P)
17:             until P + p[idx[j]] > 1
18:             v ← r + inner_product(p[·], u[·])
19:             if v > u_new then
20:                 π[x] ← a, u_new ← v
21:             end if
22:         end for
23:         M ← max(M, u_new − u[x]), m ← min(m, u_new − u[x])
24:         u'[x] ← u_new
25:     end for
26:     u ← u'
27: until M − m ≥ 1.0 / sqrt(t)
28: return π
```

Kakade, 2003)[8]，MBIE (Strehl and Littman, 2005)，遅延 Q 学習 (Strehl et al., 2006)，楽観的な初期値を用いたアルゴリズム (Szita and Lőrincz, 2008)，そして MorMax (Szita and Szepesvári, 2010) が知られる．

これらのうち，MorMax は ε-最適を満たさない試行数 T_ε[9] について最も良い上界を達成する．具体的には，$1-\delta$ の確率で以下が成り立つ．

$$T_\varepsilon = \tilde{O}\left(|\mathcal{X}|\,|\mathcal{A}|\left(\frac{V_{\max}}{\varepsilon(1-\gamma)^2}\right)^2 \log\left(\frac{1}{\delta}\right)\right)$$

ここで，$\tilde{O}(\cdot)$ は MDP のパラメータについて対数オーダーである項を隠す役目をしており[10]，$V_{\max}$ は最適価値関数の上界である（すなわち $V_{\max} \le \|r\|_\infty/(1-\gamma)$）．この上界の顕著な特徴の一つは，状態空間のサイズに伴って線形（正確には線形対数）に変化することである．同様の上界は遅延 Q 学習にも発見されているが（ただし，その他のパラメータに対しての依存性は悪化する），この上界と同じ特徴をもつ上界は他のアルゴリズムにはまだ見つけられていない．ここで言及したアルゴリズムはすべて何らかの方法で"不確かなときは楽観的に"の原理を満たしている．

これらの（UCRL やその変形も含む）アルゴリズムの主な問題点は，本質的にその応用が（小さい）有限の状態空間に限定されていることである．大きな状態空間における応用は明示的に Kakade et al. (2003) と Strehl and Littman (2008) が考察している．彼らは研究対象を特定の MDP のクラスに限定し，探索問題に対処するための"メタアルゴリズム"を生み出した．彼らの提示したアプローチには二つの困難が伴う．まず，興味のある問題が彼らの指定する MDP のクラスに属しているのを検証すること自体，実際の問題において必ずしも容易とは限らない．さらに，彼らのアルゴリズムではいわゆるブラックボックス的な手法で MDP を解いている．大規模な MDP を解くことはそれ自体難しい問題であるので，これらのアルゴリズムの実装が難しくなってもおかしくはない．

これらの手法の代役となるものとして，探索問題にベイズ的アプローチを使用するものがある (Dearden et al., 1998, 1999; Strens, 2000; Poupart et al., 2006; Ross and Pineau, 2008)．このアプローチの長所と短所はバンディット問題の場合と同様であるが，唯一の違いは計算量についての問題がさらに深刻になることである．

我々の知る限り，連続状態の MDP における探索活用並行学習に関する実験的取り組みは，Jong and Stone (2007) と Nouri and Littman (2009) だけである．Jong and Stone (2007) は Kakade et al. (2003) のアイデアの実用的な実装ともいえる手法を提案し，一方で Nouri and Littman (2009) は，多重解像度回帰木 (multi-resolution regression tree) と

---

[8] E^3 に関して出版された証明 (Brafman and Tennenholtz, 2002; Kakade, 2003) と R-max は，わずかに異なる基準を使用している（前節の議論を参照のこと）．Kakade (2003) は，（改良版の）R-max は PAC-MDP であることを示し，上界に加えて下界の証明にも成功した．

[9] 訳注: 学習器の将来の期待収益が，最適な収益を ε より下回る試行数のこと．

[10] 訳注: $\tilde{O}(n)$ は $O(n\log(n))$ を表す．

適合 Q 反復 (fitted Q-iteration) で検証を行った．これらの取り組みが共通して示唆しているのは，明示的な探索の制御が実際に有益となりうる，ということである．

系統立った探索が潜在的なパフォーマンスを大きく向上しうるにもかかわらず，強化学習の実用例ではそのような探索が検討されていなかったり，されていても経験則的な方針がとられていたりすることが多い．確かに，系統立った探索が必要でない場合もある（Szepesvári (1997) や Nascimento and Powell (2009) を参照）．また，実際には楽観的な初期値を用いるなどの簡単な方法で十分に良い性能を達成できることもある．一方で，系統立った探索を行うには，良い方策を効率的に学べるよう設計された学習アルゴリズムが必要不可欠となるので，我々は以下の節でそうしたアルゴリズムについて特に議論することにする．

3.3 直接法

この節では，最適行動価値関数 Q^* を直接近似することを目的としたアルゴリズムを概観する．これらのアルゴリズムは基本的に，行動価値関数の系列を生成する価値反復法のサンプル近似版だと考えてもらっていい．これらのアルゴリズムが生成する行動価値関数の系列を $(Q_k; k \geq 0)$ としよう．式 (1.16) でバウンドが示されているように，Q_k が Q^* に近づけば，Q_k についてグリーディな方策も最適方策に近づく，というのが直接法の基本的なアイデアである．

初めに紹介するアルゴリズムは，Watkins (1989) による Q 学習である．まず（小規模な）有限 MDP においてこのアルゴリズムを記述することから始め，大規模な MDP でも動作するような様々な拡張について後述していく．

3.3.1 有限 MDP における Q 学習

有限 MDP を $\mathcal{M} = (\mathcal{X}, \mathcal{A}, \mathcal{P}_0)$，割引率を γ とする．Watkins (1989) による Q 学習のアルゴリズムは，状態と行動の組 $(x, a) \in \mathcal{X} \times \mathcal{A}$ それぞれに対して $Q^*(x, a)$ の推定値 $Q_t(x, a)$ を保持する．状態遷移 $(X_t, A_t, R_{t+1}, Y_{t+1})$ が観測されると，推定値は以下のように更新される．

$$
\begin{aligned}
\delta_{t+1}(Q) &= R_{t+1} + \gamma \max_{a' \in \mathcal{A}} Q(Y_{t+1}, a') - Q(X_t, A_t) \\
Q_{t+1}(x, a) &= Q_t(x, a) + \alpha_t \, \delta_{t+1}(Q_t) \, \mathbb{I}_{\{x = X_t, a = A_t\}} \quad (x, a) \in \mathcal{X} \times \mathcal{A}
\end{aligned}
\tag{3.1}
$$

ここで $A_t \in \mathcal{A}$，$(Y_{t+1}, R_{t+1}) \sim \mathcal{P}_0(\cdot \mid X_t, A_t)$ とする．一つの軌跡から学習を行う場合は $X_{t+1} = Y_{t+1}$ となるが，この条件はこのアルゴリズムの収束に必ずしも必要ではない．Q 学習は TD 学習の一例であり，その更新は TD 誤差 $\delta_{t+1}(Q_t)$ に基づいて行われる．アルゴ

Algorithm 3.5 テーブル Q 学習を実装した関数．この関数は各遷移の後に呼び出される．

---

function QLEARNING(X, A, R, Y, Q)

Input: 現在の状態 X，行動 A，即時報酬 R，次の状態 Y，現在の行動価値関数の推定値を保持する配列 Q

1: $\delta \leftarrow R + \gamma \cdot \max_{a' \in \mathcal{A}} Q[Y, a'] - Q[X, A]$
2: $Q[X, A] \leftarrow Q[X, A] + \alpha \cdot \delta$
3: **return** Q

リズム 3.5 に Q 学習の擬似コードを示す．

確率的平衡状態においては，無限回訪問された任意の $(x, a) \in \mathcal{X} \times \mathcal{A}$ に対して，$\mathbb{E}\left[\delta_{t+1}(Q) \,|\, X_t = x, A_t = a\right] = 0$ が成り立たなければならない．簡単な計算により

$$\mathbb{E}\left[\delta_{t+1}(Q) \,\middle|\, X_t = x, A_t = a\right] = T^*Q\,(x, a) - Q(x, a) \qquad x \in \mathcal{X}, a \in \mathcal{A}$$

であることが確認できる．ただし T^* は式 (1.15) で定義されたベルマン最適作用素である．それゆえ，最低限，すべての状態と行動の組が無限回訪問されるという仮定のもとでは，確率的平衡状態で $T^*Q = Q$ が成り立つ．“事実 3” を鑑みると，このアルゴリズムが収束するとすれば上述の条件のもと，Q^* へと収束することがわかる．適切な学習率のもとでは $(Q_t; t \geq 0)$ の系列は実際に Q^* へ収束することが知られている (Tsitsiklis, 1994; Jaakkola et al., 1994)[11]．Q 学習の収束率については，Szepesvári (1997) が漸近的な収束率の研究を行い，後に Even-Dar and Mansour (2003) が有限サンプル下での収束率を調べた．Q 学習の開発のポイントは，状態価値 V に作用するベルマン最適作用素 T^* とは異なり，行動価値 Q に作用するベルマン最適作用素 T^* は期待値として表すことができるという事実に基づく（式 (1.13) と式 (1.15) を比較してみよう）．この事実が行動価値を逐次的に推定することを可能としている．

Q 学習を複数ステップ（先読み）法に拡張したアルゴリズムも存在する（例として Sutton and Barto (1998, Section 7.6) を参照）．しかしながら，Q 学習は本質的に方策オフ型のアルゴリズムであるため，これらの拡張は TD(0) 法の複数ステップ（先読み）法と比べてそれほど訴求力がないし，また単純でもない．Q 学習における TD 誤差の系列は，たとえ $X_{t+1} = Y_{t+1}$ が成り立つ場合でも，畳み込み級数的な計算で和を整理することができないのである．

■学習中に従うべき方策とは？ Q 学習の主な魅力にはまず，その簡潔さがある．さらに極限においてすべての状態と行動の組が無限回更新される限り，学習データを生成する

---

[11] Watkins (1989) では厳格な収束性の分析はなされていない．ただし Watkins and Dayan (1992) は，どの方策のもとでも最終的には吸収状態に到達する，という特殊なケースでの収束証明を与えている．

ためにどんなサンプリング方策を採用することもできるという点が挙げられる．閉ループの状況下では，一般的に ε-グリーディ戦略やボルツマン戦略（時間 t において行動 a を選択する確率を $e^{\beta Q_t(X_t,a)}$ に比例するように選ぶ）に従い行動をサンプリングする方法がよく採用される．適切にパラメータの調整を行えば，これらの挙動方策のもとで Q^* への漸近一致性を達成できる（Szepesvári (1998, Section 5.2) および Singh et al. (2000) を参照）．しかしながら，3.2 節で議論したように，閉ループの学習において満足のいくオンライン性能を得るためには，より系統立った探索が必要となるかもしれない．

■意思決定後の状態　多くの実用的な問題において，次の式に従って遷移確率を分解することで，$\mathcal{X} \times \mathcal{A}$ より要素数が小さい集合 Z（“意思決定後の状態 (post-decision states)”の集合）を定義できる．

$$\mathcal{P}(x,a,y) = \mathcal{P}_A(f(x,a),y) \qquad x,y \in \mathcal{X}, a \in \mathcal{A}$$

ここで $f : \mathcal{X} \times \mathcal{A} \to Z$ は“既知の”遷移関数，$\mathcal{P}_A : Z \times \mathcal{X} \to [0,1]$ は適切な確率カーネルである．この関数 f は現在の状態のもとでの行動の“決定論的な影響”を決め，一方 $\mathcal{P}_A$ は現在の状態のもとでの行動の“確率的な影響”を捉える．多くのオペレーションズ・リサーチの問題はこの構造を満たしており，例えば在庫管理問題（例 1）では $f(x,a) = (x+a) \wedge M$ となる．その他の例については Powell (2007) を参照してほしい．なお，Sutton and Barto (1998) では意思決定後の状態は“事後状態 (afterstates)”と呼ばれている．

意思決定後の状態に関する最適価値関数 $V_A^* : Z \to \mathbb{R}$ を次のように定義する．

$$V_A^*(z) = \sum_{y \in \mathcal{X}} \mathcal{P}_A(z,y)\, V^*(y) \qquad z \in Z$$

意思決定後の状態を使える問題においては，最適な $V_A^* : Z \to \mathbb{R}$ と（もし未知であるならば）即時報酬関数を学習することの方が，行動価値関数を学習するよりも計算量が少なく効率的となる可能性がある．更新則や行動選択戦略は，恒等式 $Q^*(x,a) = r(x,a) + \gamma V_A^*(f(x,a))$ から導出することができる．この恒等式は定義から直ちに成り立つものである．

意思決定後の状態の価値関数を用いることにはもう一つの潜在的な利点がある．それを見るために，遷移確率が既知であるという状況を考えてみよう．このような場合，行動価値関数を近似するよりも状態価値関数を近似したくなるかもしれない．すると，（多くのアルゴリズムで必要になる）グリーディな行動の計算のために $\mathrm{argmax}_{a\in\mathcal{A}}\, r(x,a) + \gamma \sum_{y\in\mathcal{X}} \mathcal{P}(x,a,y)V(y)$ を計算する必要性が出てくる．これはいわゆる確率的最適化問題である（“確率的”という修飾語は目的関数が期待値を用いて定義されていることを指している）．この問題は特に次のような場合などに計算が困難になってしまう: (*i*) 次に遷移

Algorithm 3.6　線形関数近似器を用いた Q 学習を実装した関数．この関数は各遷移の後に呼び出される．

function QLearningLinFApp(X, A, R, Y, θ)
Input: 現在の状態 X，行動 A，即時報酬 R，次の状態 Y，パラメータベクトル $\theta \in \mathbb{R}^d$
1: $\delta \leftarrow R + \gamma \cdot \max_{a' \in \mathcal{A}} \theta^\top \varphi[Y, a'] - \theta^\top \varphi[X, A]$
2: $\theta \leftarrow \theta + \alpha \cdot \delta \cdot \varphi[X, A]$
3: **return** θ

しうる状態の数が多い場合，(*ii*) 行動の数が多い場合（例えば $\mathcal{A}$ が大きい，もしくはユークリッド空間の無限部分空間である），そして (*iii*) $\mathcal{P}$ の構造が特に良い性質をもたない場合である．一方，意思決定後の状態価値関数 V_A を用いた場合は，グリーディな行動の計算には $\mathrm{argmax}_{a \in \mathcal{A}}\, r(x, a) + \gamma V_A(f(x, a))$ の計算で事足りる．したがって，期待値の計算を避けることができ，確率的最適化問題を解く必要がなくなる．さらに，賢い関数近似法（例えば区分線形，凹型，分離可能であるような関数による近似）を採用すれば，この最適化問題は大きな（もしくは無限の）行動空間に対しても解くことが可能になる．このように，意思決定後の状態の価値関数を利用することで，グリーディな行動の計算が簡単になる．もちろん同じことは行動価値関数を用いた場合にもいえるが，前述したように意思決定後の状態の価値関数は行動価値関数よりも少ない記憶容量しか必要とせず，学習のために必要なサンプルサイズもより小さくなる場合がある．さらなる詳細やアイデア，例については Powell (2007) を参照してほしい．

3.3.2　関数近似器を用いた Q 学習

$(Q_\theta; \theta \in \mathbb{R}^d)$ というパラメトリックな関数近似器を用いた Q 学習の自明な拡張は，以下のように書ける（式 (2.5) において $\lambda = 0$ とした場合と比較してみよう）．

$$\theta_{t+1} = \theta_t + \alpha_t\, \delta_{t+1}(Q_{\theta_t})\, \nabla_\theta Q_{\theta_t}(X_t, A_t)$$

線形関数近似手法を用いた場合，すなわち基底 $\varphi : \mathcal{X} \times \mathcal{A} \to \mathbb{R}^d$ を用いて $Q_\theta = \theta^\top \varphi$ と書ける関数近似器を使った場合の擬似コードをアルゴリズム 3.6 に示す．

上記の更新則は実用上広く用いられているが，その収束性についてはあまり解明されていない．実のところ，TD(0) 法はこのアルゴリズムの特別な場合（すべての状態に対してただ一つの行動のみが存在する場合）に相当する．したがって，方策オフ型サンプリングや非線形関数近似手法が用いられる場合は，この更新則も TD(0) 法と同様に収束する保証がない（2.2.1 節を参照）．

唯一知られている収束性についての結果は，Melo et al. (2008) によるサンプルの分布について制約された条件下での収束性の証明である．より新しい結果としては，勾配 TD

学習アルゴリズムの研究の流れに沿って，これまでの分布に関する制約条件を無くした Maei et al. (2010b) によるグリーディ勾配 Q 学習 (greedy gradient Q-learning; greedy GQ) がある．この新たなアルゴリズムではサンプルの分布と独立に収束が保証される．しかしながら，このアルゴリズムの導出に用いられる目的関数は非凸であるため，線形関数近似器を用いた場合でさえ局所解に陥ってしまうことがある．

■状態集約　上記の更新則では収束が保証されないので，用いる価値関数近似手法を制限したり，必要に応じて更新則を修正したり，またはその両方を行うというのは自然な考えである．このような考えのもと，まずは Q_θ が状態（と行動）の集約関数（2.2 節を参照）で書ける場合を考えてみよう．この場合，もし $((X_t, A_t); t \geq 0)$ が定常ならば，アルゴリズムは適切な定義により "誘導された MDP" におけるテーブル Q 学習と同じように振る舞う．それゆえ，アルゴリズムは最適行動価値関数 Q^* の何らかの近似解に収束する (Bertsekas and Tsitsiklis, 1996, Section 6.7.7).

■ソフトな状態集約　状態集約の望ましくない性質の一つに，価値関数が領域の境界で滑らかにならないということがある．Singh et al. (1995) は "ソフトな" Q 学習によってこの問題に対処することを提案している．このアルゴリズムにおいて，近似行動価値関数は線形平均器となる．すなわち，$Q_\theta(x,a) = \sum_{i=1}^d s_i(x,a)\theta_i$ となる．ただし $s_i(x,a) \geq 0$ $(i = 1, \ldots, d)$，$\sum_{i=1}^d s_i(x,a) = 1$ である．ここでは，更新時にパラメータベクトル θ_t のうちのただ一つの要素のみが更新される更新則もある．このとき，更新される要素は $(s_1(X_t, A_t), \ldots, s_d(X_t, A_t))$ のパラメータをもつカテゴリカル分布からランダムに得られるインデックス $I_t \in \{1, \ldots, d\}$ により選択される．

■補間ベース Q 学習　Szepesvári and Smart (2004) はこのアルゴリズムの修正版である**補間ベース Q 学習**（IBQ 学習; interpolation-based Q-learning）を提案している．IBQ 学習ではパラメータベクトルのすべての要素を同時に更新するため，更新の分散が低減されている．IBQ 学習は補間器に状態と行動の集約関数を用いて Q 学習を一般化したものと見ることもできる（Tsitsiklis and Van Roy (1996, Section 8) は補間器について，モデルが既知のもとで適合価値反復の文脈で議論している）．このアルゴリズムの鍵となるアイデアは，パラメータベクトルの各要素 θ_i のそれぞれを何らかの "代表的" な状態と行動の組 $(x_i, a_i) \in \mathcal{X} \times \mathcal{A}$ $(i = 1, \ldots, d)$ の推定価値として扱うところである．すなわち，すべての $i = 1, \ldots, d$ に対して $Q_\theta(x_i, a_i) = \theta_i$ となるように $(Q_\theta; \theta \in \mathbb{R}^d)$ を選ぶ．これによって，Q_θ は補間器となる（アルゴリズムの名前はこれに由来する）．次に，類似度関数 $s_i : \mathcal{X} \times \mathcal{A} \to [0, \infty)$ というものを導入する．例えば，$c_1, c_2 > 0$ とし，d_1, d_2 が適切な "距離" 関数なら，$s_i(x,a) = \exp(-c_1 d_1(x, x_i)^2 - c_2 d_2(a, a_i)^2)$ という類似度関数を用いることができる．このとき，IBQ 学習の更新則は以下のようになる．

$$\begin{aligned}\delta_{t+1,i} &= R_{t+1} + \gamma \max_{a' \in \mathcal{A}} Q_{\theta_t}(Y_{t+1}, a') - Q_{\theta_t}(x_i, a_i) \\ \theta_{t+1,i} &= \theta_{t,i} + \alpha_{t,i}\, \delta_{t+1,i}\, s_i(X_t, A_t) \\ & i = 1, \ldots, d\end{aligned}$$

パラメータベクトルのそれぞれの要素は，それが将来受け取る報酬の総和をどのくらい良く推定できているか，そして関連した状態と行動の組が，たった今訪問した状態と行動の組にどれくらい近いか，に基づいて更新される．類似度が低い場合は，誤差 $\delta_{t+1,i}$ が要素の変化量に与える影響もまた小さくなる．このアルゴリズムは，要素それぞれで別のステップ幅の系列 $(\alpha_{t,i}; t \geq 0)$ を用いる．Szepesvári and Smart (2004) は，次の三つの条件が成り立つ場合，このアルゴリズムがほとんど確実に収束することを証明した: (*i*) Q_θ が上記の補間的な性質を満たし，写像 $\theta \mapsto Q_\theta$ が非拡大であること（すなわち，すべての $\theta, \theta' \in \mathbb{R}^d$ に対し $\|Q_\theta - Q_{\theta'}\|_\infty \leq \|\theta - \theta'\|_\infty$），(*ii*) ステップ幅系列 $(\alpha_{t,i}; t \geq 0)$ が適切に設定されていること，(*iii*) そして，状態行動空間 $\mathcal{X} \times \mathcal{A}$ のすべての領域が $((X_t, A_t); t \geq 0)$ によって“十分に訪問される”ことである．この研究では，学習される行動価値関数の性能に関する誤差のバウンドも示されている．この解析の中心にあるのは，$\theta \mapsto Q_\theta$ が非拡大写像であることにより，このアルゴリズムの基礎をなす作用素が縮小写像となり，価値反復の逐次的な近似をしていることになる，という議論である．なぜなら，縮小写像の後に適用される非拡大写像も，非拡大写像の後に適用される縮小写像も，どちらも全体としては縮小写像となるからである．非拡大写像を用いるというアイデアが初めて現れたのは Gordon (1995) および Tsitsiklis and Van Roy (1996) の適合価値反復の研究の中である．

■適合 *Q* 反復　適合 *Q* 反復 (fitted *Q*-iteration) というのは，行動価値関数に対して適合価値反復 (fitted value iteration) を行うものである．基本的には，前回の反復から Q_t が得られているとき，選ばれた状態と行動の組における $(T^*Q_t)(x, a)$ をモンテカルロ近似し，得られた値に対して適当な手法で回帰を行う，という流れとなる．アルゴリズム 3.7 にこの手法の擬似コードを示してある．

適合 *Q* 反復は，特別な回帰手法を用いない限り，発散するおそれがあることが知られている (Baird, 1995; Boyan and Moore, 1995; Tsitsiklis and Van Roy, 1996)．例えば Ormoneit and Sen (2002) はカーネル平均を，Ernst et al. (2005) は回帰木を用いたアルゴリズムを使用することを提案している．これらの手法は，状態空間を局所的に平均化するような関数近似法を実装しており，Gordon (1995) と Tsitsiklis and Van Roy (1996) の結果を適用することができる．この結果を用いると，各反復でアルゴリズムが使用するデータが同じときに，これらの手法の収束を保証できる．Riedmiller (2005) は，ニューラルネットワークを用いた良い実例を報告している．この研究では，直前の反復の結果に対し

Algorithm 3.7 適合 Q 反復の一反復分を実装した関数．この関数は収束条件が達成されるまで呼び出される．APPEND(S, n) を呼び出すと，リスト S に新たな項目 n を追加したうえでその変更されたリストを返す．関数 PREDICT や REGRESS は使用する回帰手法により異なる．PREDICT(z, θ) は，回帰パラメータ θ のもとで入力 z に対する予測値を返す．一方，REGRESS(S) は，入出力の組のリスト S が与えられたもとで，S を基に回帰問題を解き，PREDICT で用いられる新しいパラメータを返す．

```
function FITTEDQ(D, θ)
Input: 遷移のリスト D = ((X_i, A_i, R_{i+1}, Y_{i+1}); i = 1,...,n), 回帰パラメータ θ
1: S ← []                                              ▷ 空リストを生成
2: for i = 1 → n do
3:     T ← R_{i+1} + max_{a'∈A} PREDICT((Y_{i+1}, a'), θ)   ▷ (X_i, A_i) に対する目標値
4:     S ← APPEND(S, ⟨(X_i, A_i), T⟩)
5: end for
6: θ ← REGRESS(S)
7: return θ
```

てグリーディな方策に従って得られた観測値を順次サンプル集合に追加し，ネットワークを更新している．初期方策が良好でない場合，すなわち“良い”方策なら頻繁に訪問するであろう状態が初期サンプル中に十分に含まれない場合，サンプルを変化させることは非常に重要になる（これが重要である理由についての理論的な議論は状態集約の文脈で Van Roy (2006) に述べられている）．

Antos et al. (2007) および Munos and Szepesvári (2008) は，有限サンプルでの性能のバウンドを証明している．このバウンドは，行動価値関数の空間 $\mathcal{F}$ において，経験的な損失関数の最小化を目的とする回帰問題に広く有用であり，$\mathcal{F}$ の**最悪ケースのベルマン誤差**に依存する．

$$e_1^*(\mathcal{F}) = \sup_{Q\in\mathcal{F}} \inf_{Q'\in\mathcal{F}} \left\| Q' - T^*Q \right\|_\mu$$

ここで，μ は学習サンプル中の状態と行動の組の分布である．つまり，$e_1^*(\mathcal{F})$ は $\mathcal{F}$ が $T^*\mathcal{F} \stackrel{\text{def}}{=} \{T^*Q \mid Q \in \mathcal{F}\}$ にどの程度近いかを評価している．導出されたバウンドは，関数近似誤差が $e_1^*(\mathcal{F})$ で評価されていることを除いては，教師有り学習で成り立つ有限サンプルのバウンド（式 (2.17) を参照）と同じ形をとっている．以前に述べた適合価値反復の収束に対する反例では，$e_1^*(\mathcal{F}) = \infty$ となっており，関数近似器の自由度が足りないことにより発散しているという可能性を示唆している．

3.4　Actor-critic 法

Actor-critic 法は，一般化方策反復 (generalized policy interation; GPI) を用いる．方策反復とは，正確な方策評価ステップと正確な方策改善ステップを交互に繰り返す手法であった．しかし，サンプルに基づいた手法を用いる場合，正確な方策評価を行うためには無限に多くのサンプルが必要になってしまうだろうし，関数近似を用いる場合は，関数近似能力の不足により，正確な方策評価を行うことが不可能になってしまうこともある．したがって，方策反復を実装する強化学習アルゴリズムは，不完全な価値関数の知識に基づいて方策を変化させていかなければならない．

方策評価が完全でない段階でも方策を更新していくアルゴリズムのことを**一般化方策反復** (GPI) という．GPI には，actor（行動器）と critic（評価器）という密に作用し合う二つのプロセスがある．Actor は現在の方策を改善することを目標とする一方，critic は現在の方策を評価することにより，actor の方策改善をサポートする．図 3.2 は閉ループ下での学習における actor と critic の相互作用を描いている．

一般に，サンプルを生成するために使われる方策（挙動方策）は，actor-critic システムにおいて評価，改善される方策（推定方策）と異なっていても良い．Critic が推定方策を改善するためには，現在の推定方策が好んで選ばない行動についても学ぶ必要があるので，この性質は都合が良い．逆に挙動方策が推定方策と同じで，かつ推定方策が決定論的である場合には，critic は現在の推定方策が好んで選ばない行動について学ぶことができない．これが，推定方策に確率的方策がよく用いられる理由の一つである．しかしながら，たとえ推定方策が確率的であったとしても，低い確率でしか選ばれない行動についてはわずかな情報しか得られないため，そうした行動における価値の推定の質は極めて乏しくなる可能性がある．となると，情報を多く得るには完全にランダムな行動を選べばいいかのように思えるかもしれない．しかし，これまで議論したように，そのようなランダムな方策は状態空間の中の重要な部分を探索し損ねるかもしれないため，この考えが間違っているのは明らかである．したがって実用的には，挙動方策として，ある程度（少量）の探索を推定方策に混ぜ込んだものがよく用いられる．

Actor-critic のフレームワークを実装する方法は数多く存在する．行動空間が小さい場合は，critic として行動価値関数を近似して，actor はこれを使って ε-グリーディまたはボルツマン探索戦略を用いることで実装できる．対して，行動空間が大きい，あるいは連続の場合は，actor 自身に関数近似器を用いることになるだろう．

正確な方策反復とは異なり，GPI の手法は過去の方策よりも大きく劣った方策を生成することもある．方策改善が近似的かどうかによらず，方策評価ステップが不正確なときには，生成される方策の評価値の系列は振動するかもしれないし，発散することもありうる (Bertsekas and Tsitsiklis, 1996, Example 6.4, p. 283)．実際，GPI は学習の初期段階では

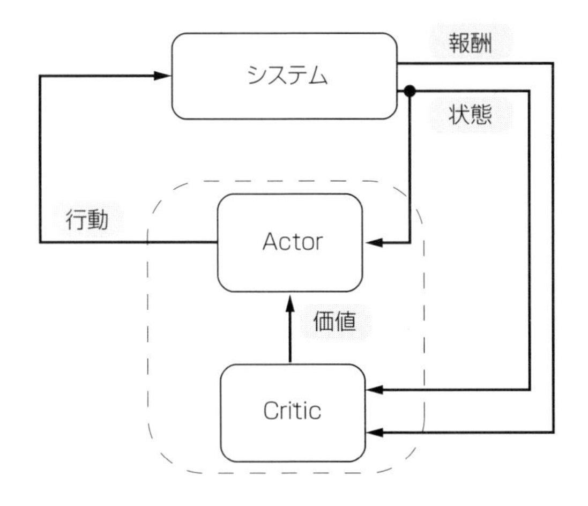

図 3.2 The Actor-Critic Architecture

方策を改善していく傾向にある一方で，後半の段階では方策が振動することもしばしばある．そこでよく使用される方法の一つに，学習して得られた方策の系列をいったん保存しておき，それらを学習後に実際にテストして性能を測り，実験的に性能の良いものを選択する，というものがある．

適合価値反復の場合と同じように，actor-critic 法の性能は関数近似器の "表現能力" を向上させることによって調整できる．Actor と critic がともに関数近似器を用いたときの，有限サンプルにおける性能のバウンドは Antos et al. (2007) によって与えられている．

次の節（3.4.1 節）では，まず（critic によって使われる）価値の推定手法について述べ，3.4.2 節では，（actor によって使われる）具体的な方策改善手法について述べる．とりわけ，方策改善手法については，まずグリーディな手法について述べる．その後，パラメトリックな方策の族で定義される目的関数の最適化において actor に勾配法を用いるという，少し趣が異なったアイデアについて説明する．

3.4.1 Critic の実装

Critic の仕事は，actor の現在の推定方策の価値を推定することである．これは価値推定問題である．したがって，critic のこの役割には第 2 章で述べた手法が使える．ただし，actor は行動価値を必要とするため，第 2 章のアルゴリズムに行動価値を直接推定するような修正を加えたものが使われる．TD(λ) 法を素直に拡張すると，SARSA(λ) として知られるアルゴリズムが得られる．これがまず初めに紹介する critic のアルゴリズムである．その次に，LSTD(λ) を拡張して得られる LSTD-Q(λ) を紹介する．λ-LSPE もまた拡張可能ではあるが，紙面の都合上この拡張についてはここでは議論しない．

Algorithm 3.8　線形関数近似器による SARSA(λ) アルゴリズムを実装した関数．この関数は各遷移の後で呼び出される．

---

function SARSALAMBDALINFAPP($X, A, R, Y, A', \theta, z$)

Input: 現在の状態 X，X での行動 A，この遷移に伴う即時報酬 R，次の状態 Y，Y での行動 A'，線形関数近似器のパラメータ $\theta \in \mathbb{R}^d$，適格度トレース $z \in \mathbb{R}^d$

1: $\delta \leftarrow R + \gamma \cdot \theta^\top \varphi[Y, A'] - \theta^\top \varphi[X, A]$

2: $z \leftarrow \varphi[X, A] + \gamma \cdot \lambda \cdot z$

3: $\theta \leftarrow \theta + \alpha \cdot \delta \cdot z$

4: **return** (θ, z)

■SARSA　Q 学習と同じように，状態・行動空間が有限で（かつ小さい）限り，SARSA は実現しうる状態と行動の組に対して行動価値を推定することができる (Rummery and Niranjan, 1994).

$$
\begin{aligned}
\delta_{t+1}(Q) &= R_{t+1} + \gamma Q(Y_{t+1}, A'_{t+1}) - Q(X_t, A_t) \\
Q_{t+1}(x, a) &= Q_t(x, a) + \alpha_t \delta_{t+1}(Q_t) \mathbb{I}_{\{x = X_t, a = A_t\}} \quad (x, a) \in \mathcal{X} \times \mathcal{A}
\end{aligned}
\tag{3.2}
$$

ここで，$(Y_{t+1}, R_{t+1}) \sim \mathcal{P}_0(\cdot \mid X_t, A_t)$ で $A'_{t+1} \sim \pi(\cdot|Y_{t+1})$ である．Q 学習との違いは，TD 誤差の定義の仕方にある．このアルゴリズムの名前の由来は，現在の状態 (**S**tate)，現在の行動 (**A**ction)，次の報酬 (**R**eward)，次の状態 (**S**tate)，そして次の行動 (**A**ction) を使っていることから来ている．π を固定したとき，SARSA はまさに状態と行動の組を用いた TD(0) 法である．したがって，そのときの SARSA の収束は TD(0) 法の収束の結果に従うことになる．

SARSA を複数ステップ（先読み）版に拡張すると，TD(0) 法のときと同じように SARSA(λ) というアルゴリズムを得ることができる (Rummery and Niranjan, 1994; Rummery, 1995)．また，テーブル TD(λ) 法のときと同じく，このテーブル形式のアルゴリズムにも関数近似器を用いた拡張ができる．アルゴリズム 3.8 は，線形関数近似器を用いたときの SARSA(λ) の擬似コードである．このアルゴリズムも TD 法の一種なので，このアルゴリズムは TD(λ) 法と同じような収束性をもつ（2.2.1 節を参照）．すなわち，方策オフ型の状況では発散するかもしれない．しかし，GTD2 や TDC を（$\lambda > 0$ で）行動価値を扱うよう拡張することで，こうした問題を回避することもできる．詳しくは Maei and Sutton (2010) を参照されたい．

■LSTD-Q(λ)　LSTD(λ) を行動価値関数も扱うように一般化すると，LSTD-Q(λ) アルゴリズムが得られる．これは，以下のように式 (2.14) を解く．$\varphi_t = \varphi(X_t, A_t), \varphi : \mathcal{X} \times \mathcal{A} \to \mathbb{R}^d$ として，

$$\delta_{t+1}(\theta) = R_{t+1} + \gamma V_{t+1} - Q_\theta(X_t, A_t)$$

とする．ここで，評価される方策 π が確率的方策であることを仮定すると，V_{t+1} は以下のように書ける．

$$V_{t+1} = \sum_{a \in \mathcal{A}} \pi(a|Y_{t+1}) Q_\theta(Y_{t+1}, a) = \langle \theta, \sum_{a \in \mathcal{A}} \pi(a|Y_{t+1}) \varphi(Y_{t+1}, a) \rangle$$

なお，決定論的方策のもとでは，この式は $V_{t+1} = Q_\theta(Y_{t+1}, \pi(Y_{t+1}))$ になる．

しかし，行動空間が巨大で，確率的方策を想定する場合，上の和 $\sum_{a \in \mathcal{A}} \pi(a|x)\varphi(x,a)$（あるいは連続な行動空間の場合には積分）の評価は実行不可能かもしれない．ここでできる近似の一つに，方策 π から行動のサンプル，すなわち $A'_{t+1} \sim \pi(\cdot|Y_{t+1})$ を得て，$V_{t+1} = Q_\theta(Y_{t+1}, A'_{t+1})$ とする方法がある．方策 π に従った行動をする場合，選択された行動を上の式でのサンプルとし，$A'_{t+1} = A_{t+1}$ とすることで，"SARSA 的な" LSTD-Q(λ) が得られる．

より良い推定値を得られるかもしれない別の方法として，状態だけの特徴量 $\psi : \mathcal{X} \to \mathbb{R}^d$ を導入し，任意の状態 $x \in \mathcal{X}$ で $\sum_{a \in \mathcal{A}} \pi(a|x)\varphi(x,a) = 0$ が成り立つように制約した φ を用い，$Q_\theta(x,a) = \theta^\top(\psi(x) + \varphi(x,a))$ と定義するものがある．すると $V_\theta(x) = \sum_{a \in \mathcal{A}} \pi(a|x) Q_\theta(x,a) = \theta^\top \psi(x)$ となる．したがって，$V_{t+1} = V_\theta(Y_{t+1})$ は何のバイアスも生じさせない一方，V_{t+1} は A'_{t+1} のランダム性に依存しないため，分散が小さくなることが期待される (Peters et al., 2003; Peters and Schaal, 2008) [12]．次節でこのアプローチに関するさらなる議論を行う．

LSTD-Q(λ) の擬似コードをアルゴリズム 3.9 に示す．LSTD(λ) の場合と同じように，9 行目の逆行列が存在しないかもしれないことに注意しよう．また，一般的な方法に従って，再帰的な LSTD-Q(λ) も導くことができる．

最後に，この節で定義された様々な TD 誤差は SARSA アルゴリズムにも使用できることを付け加えておこう．

3.4.2 Actor の実装

方策改善には二通りのアプローチがある．一つ目のアプローチは，現在の方策を，critic から得られた近似行動価値関数に基づいてグリーディな方策へと動かすというもの．そして二つ目のアプローチは，パラメトリックな方策のクラスを仮定し，目的関数の曲面上を勾配法で直接登っていくというものである．以降では，これらのアプローチの具体的な実装法について述べる．

---

[12] Peters et al. (2003) と Peters and Schaal (2008) では，近似状態価値関数 V_θ と行動価値関数の間でパラメータが共有されないという特殊な場合について考察が行われた．

Algorithm 3.9　方策 π を評価するための線形関数近似器による LSTD-Q(λ) アルゴリズムを実装した関数．π が決定論的方策である場合は5行目を $g \leftarrow \varphi[Y_{t+1}, \pi(Y_{t+1})]$ と置き換える．

---

function LSTDQLAMBDA(D, π)

Input: 遷移のリスト $D = ((X_t, A_t, R_{t+1}, Y_{t+1}); t = 0, \ldots, n-1)$，評価される確率的な方策 π

1: $A, b, z \leftarrow 0$　　　　$\triangleright A \in \mathbb{R}^{d \times d}, b, z \in \mathbb{R}^d$
2: **for** $t = 0$ **to** $n-1$ **do**
3: 　　$f \leftarrow \varphi[X_t, A_t]$
4: 　　$z \leftarrow \gamma \cdot \lambda \cdot z + f$
5: 　　$g \leftarrow \mathrm{SUM}(\,\pi(\cdot\,|Y_{t+1}) \cdot \varphi[Y_{t+1}, \cdot]\,)$
6: 　　$A \leftarrow A + z \cdot (f - \gamma \cdot g)^\top$
7: 　　$b \leftarrow b + R_{t+1} \cdot z$
8: **end for**
9: $\theta \leftarrow A^{-1} b$
10: **return** θ

■グリーディな方策改善　方策反復に最も近いやり方は，多くのデータに基づいて critic に現在の方策を評価させ，得られた行動価値関数についてグリーディな方策に更新していくことである．もし行動空間が有限であれば，グリーディな行動の選択は（必要に応じて）“その場で”計算できる．つまり，グリーディな方策を明示的に計算したり保存したりする必要がない．このことが，このアルゴリズムを巨大な，あるいは無限大の状態空間で使うことを可能にしている．方策の評価に LSTD-Q(0) を使ったとき，このアプローチからは Lagoudakis and Parr (2003) の **LSPI** (least-squares policy iteration) アルゴリズムが得られる．ここでは，方策評価にバッチデータでの LSTD-Q(λ) を用いるバージョンの LSPI アルゴリズムをアルゴリズム 3.10 に示す．

LSPI とその一般化に対する有限サンプルでの性能のバウンドは Antos et al. (2008) によって与えられている．Antos et al. (2007) は，これらの結果を連続の行動空間へと拡張した．彼らは現在の行動価値関数 Q が与えられたとき，ある制約された方策のクラスから

$$\rho_{Q,\pi} = \sum_{x \in \mathcal{X}} \mu(x) \int_{\mathcal{A}} Q(x, a)\, \pi(\mathrm{d}a|x)$$

を最大化するような方策を選択した．ただし，この場合，著者らは過学習を防ぐための何らかの制約が必要であると論じている．

上記の手法では，方策が滑らかに更新していくような配慮がなされることなく更新が行われる．このような更新は，方策の行動価値関数の推定が不正確なときに危険性をはら

Algorithm 3.10 線形関数近似器を用いたLSPI(λ) アルゴリズムの実装．実際には，収束条件を他の条件に置き換えることもある．関数 GREEDYPOLICY(θ) は，引数に (x,a) のペアを取り，$\theta^\top \psi(x,\cdot)$ を最大化する行動に対しては1を，それ以外に対しては0を返す．

function LSPI(D,ε)
Input: 遷移のリスト $D = ((X_t, A_t, R_{t+1}, Y_{t+1}); t = 0, \ldots, n-1)$，精度パラメータ ε
1: $\theta' \leftarrow 0$
2: **repeat**
3: $\quad \theta \leftarrow \theta'$
4: $\quad \theta' \leftarrow$ LSTDQLAMBDA(D, GREEDYPOLICY(θ))
5: **until** $\|\theta - \theta'\| > \varepsilon$
6: **return** θ

む．方策を間違った方向に大きく更新してしまう余地がアルゴリズムにあると，その“推定の誤り”を修正するのが困難になってしまう可能性があるからである．こういった問題の対処には，更新を逐次的に行うのがよいかもしれない．

逐次的な更新をする方法の一つは，パラメトリックな方策のクラス $(\pi_\omega; \omega \in \mathbb{R}^{d_\omega})$ を考え，ρ_{Q,π_ω} のパラメータ ω に関する確率的勾配法を行うことである（例として，Bertsekas and Tsitsiklis (1996, p. 317) の研究がある．また，Kakade and Langford (2002) の研究はテーブル形式での方策をこのような手法で逐次的に更新している）．一方，（準）グリーディな方策への直接的更新を避ける方法として，推定方策を現在の行動価値関数について ε-グリーディ方策（もしくはボルツマン方策）となるように選択していくものもある．Perkins and Precup (2003) は，挙動方策が推定方策と一致し，行動価値関数に線形関数近似器が使われる場合において，この手法の解析を行っている．その中で，彼らは以下の結果を証明している．まず，Γ を行動価値関数から方策への写像とし，Γ によって方策の更新が定められるものとする．また，以下の二つの仮定を置く: (*i*) 各反復で正確な TD(0) 法の解が得られる．(*ii*) Γ は $c(\mathcal{M})$ よりも小さいリプシッツ定数について大域的にリプシッツ連続であり，Γ が写す方策はすべて（何らかの定数 $\varepsilon > 0$ について）ε-ソフトな方策である．このとき，アルゴリズムによって得られる方策の系列はほとんど確実に収束する．ここで，定数 $c(\mathcal{M})$ は MDP $\mathcal{M}$ に依存し，写像 Γ がリプシッツ係数 L でリプシッツ連続であるとは，任意の行動価値関数 Q_1, Q_2 に対し，2-ノルムについて $\|\Gamma Q_1 - \Gamma Q_2\| \leq L\|Q_1 - Q_2\|$ が成り立つことを意味する．さらに，**ε-ソフトな方策**とは，$\pi(a|x) \geq \varepsilon$ がすべての $x \in \mathcal{X}, a \in \mathcal{A}$ について成り立つような方策 π のことをいう．また，Van Roy (2006) は似たような設定のもとで，状態集約に対しての非自明な性能バウンドを得ている．

しかし，これまで述べてきた手法では，方策の更新の頻度が低くなってしまう．他の方法として価値関数の更新の中に方策の更新をはさむ手法が考えられる．Singh et al. (2000) は，critic にテーブル SARSA(0) を用いて **GLIE** (greedy in the limit with infinite exploration) という条件を満たす方策を更新していくと，方策が漸近的に最適方策と一致することを示した．

■方策勾配法　本節では，方策勾配法を概観する（方策勾配法以外のアプローチには感度に基づいたものがあるが，これについては Cao (2007) を参照）．これらの手法はみな，滑らかにパラメトライズされた確率的定常方策のクラス $\Pi = (\pi_\omega; \omega \in \mathbb{R}^{d_\omega})$ 上の目的関数について確率的勾配法を行うものである．行動空間が有限なとき，下記の **Gibbs 方策** (Gibbs policy) と呼ばれる方策がよく使われる．

$$\pi_\omega(a|x) = \frac{\exp(\omega^\top \xi(x,a))}{\sum_{a' \in \mathcal{A}} \exp(\omega^\top \xi(x,a'))} \qquad x \in \mathcal{X}, a \in \mathcal{A}$$

ここで，$\xi : \mathcal{X} \times \mathcal{A} \to \mathbb{R}^{d_\omega}$ は適当な特徴抽出器である．行動空間が $d_{\mathcal{A}}$ 次元ユークリッド空間の部分集合のときは，パラメトリックな平均 $g_\omega(x,a)$ と共分散 $\Sigma_\omega(x,a)$ をもつガウス方策 (Gaussian policy) と呼ばれる方策がよく使われる．ω というパラメータをもつガウス方策は以下で定義される分布に従って行動を選択する．

$$\pi_\omega(a|x) = \frac{1}{\sqrt{(2\pi)^{d_{\mathcal{A}}} \det(\Sigma_\omega(x,a))}} \exp\Big(-(a - g_\omega(x,a))^\top \Sigma_\omega^{-1}(x,a)\,(a - g_\omega(x,a)) \Big)$$

ただし，Σ_ω は正定値行列である必要があることに注意しなければならない．簡単のために，Σ_ω にはしばしば $\Sigma_\omega = \beta I\,(\beta > 0)$ が使われる．

厳密に記述すると，ここでの問題は，与えられた方策のクラス Π の中で，最も性能の良い方策を表すパラメータ ω を見つけることである．

$$\operatorname*{argmax}_{\omega} \rho_\omega = ?$$

考えられる性能指標 ρ_ω の一つには，何らかの初期状態の分布から始めて，方策 π_ω に従ったときの期待収益がある[13)]．選択した方策のもとでの定常分布を初期分布とした場合，ρ_ω を最大化することは，長期的な平均報酬を最大化することに相当する (Sutton et al., 1999a).

■方策勾配定理　いかなる方策 π_ω から得られるマルコフ連鎖も ω の選択にかかわらずエルゴード的であると仮定しよう．ここで，ρ_ω の勾配をどのように推定するかを考える．

まず，$\psi_\omega : \mathcal{X} \times \mathcal{A} \to \mathbb{R}^{d_\omega}$ を π_ω のもとでの**スコア関数** (score function) として以下のように定義する．

$$\psi_\omega(x,a) = \frac{\partial}{\partial \omega} \log \pi_\omega(a|x) \qquad (x,a) \in \mathcal{X} \times \mathcal{A} \tag{3.3}$$

[13)] この価値関数の基準のもとで，最適方策が制約されたクラス Π の中に存在するとは限らない．

例えば，Gibbs 方策の場合，スコア関数は $\psi_\omega(x,a) = \xi(x,a) - \sum_{a' \in \mathcal{A}} \pi_\omega(a'|x)\xi(x,a')$ の形をとる．

さらに次のような $G(\omega)$ を定義する．

$$G(\omega) = \left(Q^{\pi_\omega}(X,A) - h(X)\right)\ \psi_\omega(X,A) \tag{3.4}$$

ただし，(X,A) は方策 π_ω のもとでの状態と行動の組の定常な分布から得られるサンプルであり，Q^{π_ω} は π_ω の行動価値関数，h は任意の有界関数である．**方策勾配定理**（policy gradient theorem; Bhatnagar et al. (2009) とその参考文献を参照）によると，次のように $G(\omega)$ は勾配の不偏推定量であることがいえる．

$$\nabla_\omega \rho_\omega = \mathbb{E}\left[G(\omega)\right]$$

ここで，(X_t, A_t) を方策 π_{ω_t} のもとでの定常分布から得られるサンプルとする．このとき，条件

$$\mathbb{E}\left[\hat{Q}_t(X_t,A_t)\psi_{\omega_t}(X_t,A_t)\right] = \mathbb{E}\left[Q^{\pi_{\omega_t}}(X,A)\psi_{\omega_t}(X_t,A_t)\right] \tag{3.5}$$

が満たされてさえいれば，$(\beta_t; t \geq 0)$ として，更新則

$$\begin{aligned} \hat{G}_t &= \left(\hat{Q}_t(X_t,A_t) - h(X_t)\right)\ \psi_\omega(X_t,A_t) \\ \omega_{t+1} &= \omega_t + \beta_t \hat{G}_t \end{aligned} \tag{3.6}$$

は ω に関する確率的勾配法の実装となる．

式 (3.6) における関数 h の役割は，アルゴリズムの収束を速くするために勾配の推定量 $\hat{G}_t$ の分散を減少させることである．賢い関数 h を導入することによって得られる収束の高速化は定数オーダーにとどまるが，実問題ではこの定数はかなり大きいことがある．関数 h の選択の一つとして $h = V^{\pi_{\omega_t}}$，つまり方策 π_{ω_t} のもとでの価値関数がある．

この選択は $\hat{G}_t$（もしくは $G(\omega_t)$）の分散を明示的に最小化するものではないが，$h = 0$ を用いる場合と比べて分散を減少させることが期待できるので，広く推奨できる．もちろん，普通は現在の方策の価値関数が既知であることはないので，それを推定する必要はある．これから説明することになるが，この推定は推定量 $\hat{Q}_t$ の構築と同時に行われる．

上記の更新則 (3.6) は確率的勾配法の一例であるので，ステップ幅の系列 $(\beta_t; t \geq 0)$ が RM 条件を満たし，問題が十分に正則である限り，系列 (ω_t) はほとんど確実に ρ_ω の何らかの局所最適解に収束するだろう（ただし一般の条件で保証できるのは ρ_ω の停留点への収束のみであって，局所最適解への収束とは限らないことに注意）．

式 (3.6) の実装の難しさには二つの要素がある: (*i*) 適切な推定量 $\hat{Q}_t$（もしかすると h も）の設計が必要であること，そして，(*ii*) 確率変数 (X_t, A_t) を π^{ω_t} の定常分布から得る必要があること，である．エピソードタスクでは，これらの問題はエピソードの終了時にパラメータを更新することで回避することができ，これをやっているのが Williams の

REINFORCE アルゴリズムである (Williams, 1987). ちなみにこのアルゴリズムは，価値関数を使用しない，**直接方策探索アルゴリズム** (direct policy search algorithm) の一種である．また，尤度比を使った手法の一種でもある (Glynn, 1990).

エピソードタスクでない問題では，二つの時間スケールを用いたアルゴリズム (two-timescale algorithm) が用いられる．このアルゴリズムは適当な価値関数の推定方法を用いて，速い時間スケールで推定量 $\hat{Q}_t$ を構築し，遅い時間スケールで方策パラメータを更新する．

これを実装するための興味深いアイデアとして，Sutton et al. (1999a) と Konda and Tsitsiklis (1999) の提案を紹介しよう．

■親和的な関数近似　ここでは $\hat{Q}_t$ を推定するにあたって，パラメータに関して線形な関数近似器の中でも特徴抽出器が方策クラスのスコア関数 (3.3) になっているものを選択することにする．

$$Q_\theta(x,a) = \theta^\top \psi_\omega(x,a) \qquad (x,a) \in \mathcal{X} \times \mathcal{A} \tag{3.7}$$

この関数近似器の選択は，方策パラメータ表現に対し**親和的** (compatible) であるといわれる．基底関数は方策パラメータ ω に依存することに注意しよう（$\omega = \omega_t$ が変化するにつれ，ψ_ω もまた変化する）．ここで，ω_t が固定されているときの "適切な" θ の値は何であろうか？　式 (3.5) の $\hat{Q}_t$ に Q_θ を代入すれば，"適切な" θ は以下を満たす必要があることがわかる．

$$\mathbb{E}\left[\psi_{\omega_t}(X_t,A_t)\psi_{\omega_t}(X_t,A_t)^\top\right]\theta = \mathbb{E}\left[Q^{\pi_{\omega_t}}(X_t,A_t)\psi_{\omega_t}(X_t,A_t)\right]$$

簡単のため，$F_\omega = \mathbb{E}\left[\psi_\omega(X,A)\psi_\omega(X,A)^\top\right]$，$g_\omega = \mathbb{E}\left[Q^{\pi_\omega}(X,A)\psi_\omega(X,A)\right]$ と定義し，$\theta_*(\omega)$ を以下の連立方程式の解とする．

$$F_\omega \theta = g_\omega$$

この方程式が満たされるとき，$Q_{\theta_*(\omega_t)}$ は式 (3.5) を満たす．ここで $\theta_*(\omega)$ は次の平均二乗誤差 (mean-squared error) を最小化するパラメータであることに留意しておこう．

$$\mathbb{E}\left[\left(Q_\theta(X,A) - Q^{\pi_\omega}(X,A)\right)^2\right]$$

上記の導出により，以下の閉ループ学習アルゴリズムが導かれる: (*i*) 任意の時間 t で方策 π_{ω_t} に従って行動しているとき，(*ii*) 速い時間スケールで θ_t を SARSA(1) の適切な形を用いて更新し，(*iii*) 遅い時間スケールで方策パラメータを次の式を用いて更新する．

$$\omega_{t+1} = \omega_t + \beta_t\ \left(Q_{\theta_t}(X_t,A_t) - h(X_t)\right)\ \psi_{\omega_t}(X_t,A_t) \tag{3.8}$$

アルゴリズム 3.11 はこれに対応する擬似コードである．Konda and Tsitsiklis (2003) は平均コストを最小化する問題における SARSA(1) が θ_t の更新に用いられるなら，（適当

Algorithm 3.11　親和的な関数近似と SARSA(1) を用いた actor-critic アルゴリズム．

function SARSAActorCritic(X)
Input: 現在の状態 X
1: $\omega, \theta, z \leftarrow 0$
2: $A \leftarrow a_1$ ▷ 任意の行動を選択
3: **repeat**
4: $(R, Y) \leftarrow$ ExecuteInWorld(A)
5: $A' \leftarrow$ Draw($\pi_\omega(Y, \cdot)$)
6: $(\theta, z) \leftarrow$ SARSALambdaLinFApp($X, A, R, Y, A', \theta, z$) ▷ $\lambda = 1$ と $\alpha \gg \beta$ を使う
7: $\psi \leftarrow \frac{\partial}{\partial \omega} \log \pi_\omega(X, A)$
8: $v \leftarrow$ SUM($\pi_\omega(Y, \cdot) \cdot \theta^\top \varphi[X, \cdot]$)
9: $\omega \leftarrow \omega + \beta \cdot \left(\theta^\top \varphi[X, A] - v\right) \cdot \psi$
10: $X \leftarrow Y$
11: $A \leftarrow A'$
12: **until** `True`

な条件下で）$\liminf_{t\to\infty} \nabla_\omega \rho_{\omega_t} = 0$ がほとんど確実に成り立つことを示した．彼らはまた，SARSA(λ) は $m_\lambda = \liminf_{t\to\infty} \nabla_\omega \rho_{\omega_t}$ であるならば $\lim_{\lambda\to 1} m_\lambda = 0$ となることも示した．

■Natural actor-critic 法　もう一つ考えられる更新則として

$$\omega_{t+1} = \omega_t + \beta_t \theta_t \tag{3.9}$$

があり，これは **natural actor-critic 法**（NAC 法）を定義する（得られるアルゴリズムの擬似コードはアルゴリズム 3.11 の 9 行目の ω の更新方法を $\omega \leftarrow \omega + \beta \cdot \theta$ と置き換えたものになる）．F_ω を正定値であると仮定すれば，$g_\omega = \nabla_\omega \rho_\omega$，$\theta_*(\omega) = F_\omega^{-1} \nabla_\omega \rho_\omega$ であることから，$\nabla_\omega \rho_\omega = 0$ でない限り，$\theta_*(\omega)^\top \nabla_\omega \rho_\omega = \nabla_\omega \rho_\omega^\top F_\omega^{-1} \nabla_\omega \rho_\omega > 0$ となることがわかる．このことは上述のアルゴリズムが確率的擬似勾配アルゴリズムを実行していることを示しており，したがって式 (3.8) と同じ条件下で収束する．

興味深いことに，NAC 法の更新は以前の更新則よりも速く収束する．その理由は $\theta_*(\omega)$ が ρ_ω のいわゆる**自然勾配** (natural gradient; Amari, 1998) として考えることができるからである．このことは Kakade (2001) によって初めて言及された．自然勾配に従うということは，対象が属する距離空間（この場合では，適切な計量をもつ確率的方策の空間）の上に定義された目的関数に勾配法を実行することを意味する．これはパラメータの（ユークリッド）距離空間での勾配法の実行とは対照的である（勾配の定義は使用される計量に

依存する）．$\theta_*(\omega)$ が自然勾配であることは特に，常微分方程式 $\dot{\omega} = \theta_*(\omega)$ を使った方策の軌跡が方策クラス $(\pi_\omega; \omega \in \mathbb{R}^{d_\omega})$ のパラメータの滑らかな変数変換について不変であることを意味している．つまり，このアルゴリズムは方策クラスのパラメータ表現に依存しないものになっている．Gibbs 方策クラスの場合，特徴量の正則な線形変換は滑らかな変数変換の単純な例である．この不変な性質により，自然勾配は**共変** (covariant) であるといわれる．一般的に，自然勾配を用いることは勾配法の挙動を向上させると考えられている．このことは Kakade (2001) が単純な二つの状態をもつ MDP 上でうまく実証している．そこでは“通常の”勾配はパラメータ空間の大部分で非常に小さくなってしまっている一方で，自然勾配は有効性を示している．その他にも，自然勾配がうまくいっている例を示す様々な研究が存在する (Bagnell and Schneider, 2003; Peters et al., 2003; Peters and Schaal, 2008).

$\theta^*(\omega)$ の推定については，Peters and Schaal (2008)（より早期には Peters et al. (2003)）が LSTD-Q(λ) の適用を提案している．とりわけ，3.4.1 節で述べられたように，彼らは状態の特徴量と特定の条件を満たす状態・行動の特徴量の両方を用いることを推奨している（ただし，勾配の不偏推定量は $\lambda = 1$ のみで得られることに注意が必要である）．彼らのアルゴリズムは LSTD-Q(λ) によって計算されたパラメータ θ_t が安定するまで，ω_t の値を固定し続ける．更新が安定したとき，アルゴリズムは式 (3.9) を用いて ω_t を更新し，割引率 $0 < \beta < 1$ を用いて LSTD-Q(λ) によって収集された内部的な統計量を“割引”する．彼らはまた，オリジナルの actor-critic 法 (Barto et al., 1983; Sutton, 1984) は関数近似器を使用しないとき，有限な MDP 下で NAC 更新則を実行していることも発見している．Bhatnagar et al. (2009) は，二つの時間スケールを用いたアルゴリズムを複数提案し，critic に TD(0) 法に似た更新則を使わせると方策パラメータが目的関数の極大値付近に収束することを証明した．

第 4 章

さらなる勉強のために

当然のことながら，紙面の都合上，本書では強化学習の文献をすべて網羅することはできていない．

4.1 参考文献

本書がまだ議論していない興味深い話題として，効率的なサンプリングベースのプランニングがある (Kearns et al., 1999; Szepesvári, 2001; Kocsis and Szepesvári, 2006; Chang et al., 2007b)．これらの研究から学ぶべき点は，オフラインのプランニングは最悪計算量が状態空間の次元数とともに指数関数的に増大してしまうのに対し (Chow and Tsitsiklis, 1989)，オンラインのプランニング（すなわち“現在の状態”でのプランニング）は，直近の複数ステップにおけるプランニングの計算を逐次的に処理していくことで次元の呪いを解決することができる，ということである (Rust, 1996; Szepesvári, 2001)．

その他の興味深い話題として，線形計画法 (linear programming) に基づく手法 (de Farias and Van Roy, 2003, 2004, 2006)，双対動的計画法 (dual dynamic programming) (Wang et al., 2008)，PEGASUS (Ng and Jordan, 2000) のような標本平均近似法に基づく手法 (Shapiro, 2003)，任意の報酬過程における MDP での探索活用並行学習 (Even-Dar et al., 2005; Yu et al., 2009; Neu et al., 2010)，競争的枠組みでの（ほとんど）制約のない条件下における学習 (Hutter, 2004) などがある．

他にも重要な話題としては，MDP の状態の一部が観測される，POMDP (partially observable Markov decision process) での学習と行動 (Littman et al., 2001; Toussaint et al., 2008; Ross et al., 2008)，ゲームや他の最適化基準のもとでの学習と行動 (Littman, 1994; Heger, 1994; Szepesvári and Littman, 1999; Borkar and Meyn, 2002)，階層的で複数の時間スケールを用いた手法の開発 (Dietterich, 1998; Sutton et al., 1999b) などが挙げられる．

4.2　応用

強化学習の成功した応用は非常に多く存在する．順不同で挙げていくと，ゲームでの学習（例: バックギャモン (Tesauro, 1994) や囲碁 (Silver et al., 2007)），ネットワークでの応用（例: パケットのルーティング (Boyan and Littman, 1994)，動的チャネル割り当て (Singh and Bertsekas, 1997)），オペレーションズ・リサーチへの応用（例: ターゲットマーケティング (Abe et al., 2004)，メンテナンス問題 (Gosavi, 2004)，ジョブショップ・スケジューリング (Zhang and Dietterich, 1995)，エレベーター制御 (Crites and Barto, 1996)，価格設定問題 (Rusmevichientong et al., 2006)，車両経路設定問題 (Proper and Tadepalli, 2006)，在庫管理 (Chang et al., 2007a)，車両管理問題 (Simão et al., 2009)），ロボティクスにおける学習（例: 四足歩行ロボットの制御 (Kohl and Stone, 2004)，ヒューマノイドロボット (Peters et al., 2003)，ヘリコプター (Abbeel et al., 2007)），金融への応用（例: オプション価格設定 (Tsitsiklis and Van Roy, 1999b, 2001; Yu and Bertsekas, 2007; Li et al., 2009)）などがある．さらなる応用例を知りたい場合は下記の URL を参照してほしい．

- `http://www.cs.ualberta.ca/~szepesva/RESEARCH/RLApplications.html`
- `http://umichrl.pbworks.com/Successes-of-Reinforcement-Learning`

4.3　ソフトウェア

強化学習アルゴリズムの開発やテストをサポートするソフトウェアパッケージは非常に多く存在する．おそらく，それらの中でも最も有名なソフトウェアパッケージは RL-Glue や RL-Library である[1]．RL-Glue（`http://glue.rl-community.org` から利用可能）は強化学習の実験の標準化をサポートするためのパッケージである．これは標準化された強化学習インターフェイスを実装する，無料かつ言語に依存しないソフトウェアパッケージである (Tanner and White, 2009)．RL-Library (`http://library.rl-community.org`) は RL-Glue に基づいたライブラリ群で，その目的は様々な強化学習の実験環境やアルゴリズムの信頼できる実装の提供である．その他の特筆すべき強化学習ソフトウェアパッケージとして，CLSquare[2]，PIQLE[3]，JRLF[4]，LibPG[5] がある．これらは非常に多くの

[1] 訳注: 現在のものとしては OpenAI Gym (`https://gym.openai.com/`) が最も成功した強化学習環境のソフトウェア・プラットフォームであろう．読者が本書の擬似アルゴリズムを実際に実装して動かすにあたっては，まずこの OpenAI Gym をお薦めしたい．また有償ではあるが，物理演算シミュレータを備えた MuJoCo (`http://www.mujoco.org/`) もまた強化学習研究でよく使われるソフトウェアである．

[2] `http://www.ni.uos.de/index.php?id=70`

[3] `http://piqle.sourceforge.net/`

[4] `http://mykel.kochenderfer.com/?page_id=19`

[5] `http://code.google.com/p/libpgrl/`

アルゴリズム，テスト環境，直感的な可視化，プログラミングツールなどの実装を提供しており，これらの多くはRL-GLUEをサポートしている．

4.4 謝辞

この本を執筆するにあたり，家族の愛，支援，そして忍耐に本当に支えられた．妻，Beáta，Dávid，Réka，Eszter，Csongorにここで感謝を述べたい．図1.1の作成を手伝ってくれたRékaには特に感謝をしたい．多くの協力者が様々な段階で原稿を読み，校正を送ってくれて多くの間違いを減らすことができた．校正を手伝ってくれたDimitri Bertsekas，Gábor Balázs，Bernardo Avila Pires，Warren Powell，Rich Sutton，Nikos Vlassis，Hengshuai Yao，そしてShimon Whitesonにも感謝したい．言うまでもなく，未だ残っている間違いはすべて筆者の責任である．もし上のリストで言及されていない方がいらっしゃれば，それは筆者の過失であるので，その場合は筆者にメールで知らせていただけると幸いである（コメントと提案も付け加えてくれればさらにありがたい）．読者の皆様においては，筆者と連絡を取ったことがあるなしにかかわらず，内容の間違い，誤字脱字，含めるべき（除外すべき）トピックなどについて遠慮なくメールを送っていただければありがたい．定期的に内容を更新しようと考えており，すべての要請に対応するよう努力したい．最後に，ここ数年最も親しい共同研究者であり，多くのことを学ばせてもらい続けているRemi MunosとRich Suttonにもう一度感謝の意を示したい．また筆者のすべての生徒達，強化学習でできることの境界を拡げる努力をし続けているRLAI Groupのメンバーとすべての強化学習の研究者達にも感謝している．この本ができたのはひとえに皆様のおかげである．

付録 A

割引マルコフ決定過程の理論

この節の目的は，マルコフ決定過程の理論における基礎的な結果に対し簡潔な証明を与えることである．すべての結果は，割引されたコストの総和の期待値を指標としたものである．まず最初に，縮小写像の定理とバナッハの不動点定理の概要を簡潔に説明する．その次に，この強力な結果が価値関数や最適方策に関する，いくつもの基礎的な結果の証明に適用できることを示す．

A.1 縮小写像とバナッハの不動点定理

まずはこの節で必要となる基礎的な定義から始めよう．

定義 1（ノルム）

V を実数上のベクトル空間とする．関数 $f : V \to \mathbb{R}_0^+$ が以下の条件を満たすとき，f を V におけるノルムという．

1. ある $v \in V$ において $f(v) = 0$ ならば $v = 0$ である．
2. 任意の $\lambda \in \mathbb{R}$ と $v \in V$ に対して $f(\lambda v) = |\lambda| f(v)$ である．
3. 任意の v と $u \in V$ に対して $f(v + u) \leq f(v) + f(u)$ である．

ノルムが定義されたベクトル空間のことを**ノルム空間**と呼ぶ．

定義どおり，ノルムとはありとあらゆるベクトルに非負の値を割り当てる関数である．この値はしばしばベクトルの“長さ”や，単にベクトルの“ノルム”と呼ばれる．ベクトル v のノルムは $\|v\|$ で表されることが多い．

例 3

ベクトル空間 $V = (\mathbb{R}^d, +, \lambda\cdot)$ で定義できるノルムの例をいくつか挙げてみよう．

1. ℓ^p ノルム $p \geq 1$ に対して，

$$\|v\|_p = \left(\sum_{i=1}^{d} |v_i|^p\right)^{1/p}$$

2. ℓ^∞ ノルム

$$\|v\|_\infty = \max_{1 \leq i \leq d} |v_i|$$

3. 重み付きノルムは以下のように定義される．

$$\|v\|_p = \begin{cases} \left(\sum_{i=1}^{d} \frac{|v_i|^p}{w_i}\right)^{1/p} & (1 \leq p < \infty) \\ \max_{1 \leq i \leq d} \frac{|v_i|}{w_i} & (p = \infty) \end{cases}$$

ただし $w_i > 0$ である．

4. 行列によって重み付けられた 2-ノルムは以下のように定義される．

$$\|v\|_P^2 = v^T P v$$

ここで P は，ある決まった正定値行列とする．

関数空間に対しても同じようにしてノルムを定義することができる．例えば，V が有界な定義域 $\mathcal{X}$ をもつ関数からなるベクトル空間であるとき，次のように定義できる．

$$\|f\|_\infty = \sup_{x \in \mathcal{X}} |f(x)|$$

（関数が有界であるとは，$\|f\|_\infty < +\infty$ であることをいう．）

ノルム空間における数列の収束についても考えてみたい．

定義 2　（ノルムの収束）

$V = (V, \|\cdot\|)$ をノルム空間とし，$v_n \in V$（ただし $n \in \mathbb{N}$）をベクトルの列とする．列 $(v_n; n \geq 0)$ が $\lim_{n\to\infty} \|v_n - v\| = 0$ を満たすとき，列 $(v_n; n \geq 0)$ はノルム $\|\cdot\|$ によってベクトル v に収束するという．これを $v_n \to_{\|\cdot\|} v$ と表す．

d 次元ベクトル空間において $v_n \to_{\|\cdot\|} v$ であることは，すべての $1 \leq i \leq d$ を満たす i に対して $v_{n,i} \to v_i$（$v_{n,i}$ は v_n の i 番目の要素）であることと同値である．しかしながら，このことは無限次元のベクトル空間においては成り立たない．例として $\mathcal{X} = [0, 1]$ とし，$\mathcal{X}$ 上の有界関数の空間と，

$$f_n(x) = \begin{cases} 1 & (x < 1/n) \\ 0 & \text{otherwise} \end{cases}$$

という関数列を考えてみよう．また，関数 f を $x \neq 0$ のとき $f(x) = 0$ で $f(0) = 1$ と定義する．すると，すべての x に対して $f_n(x) \to f(x)$ となる（つまり，f_n は $f(x)$ に“各点で”収束する）．しかしながら，$\|f_n - f\|_\infty = 1 \not\to 0$ である．

実数列 $(a_n; n \geq 0)$ の場合だと，“たとえその極限値を知らずとも”，その実数列が**コーシー列**，つまり $\lim_{n\to\infty} \sup_{m\geq n} |a_n - a_m| = 0$ であるかどうかを調べることにより，$(a_n; n \geq 0)$ が収束するかどうかを確かめることができる．（ちなみにコーシー列は“振動幅が減衰していく数列”という表現をすると理解しやすいかもしれない．）すべての実数のコーシー列が収束するというのは，実数という集合の特筆すべき性質である．

コーシー列の概念をノルム空間に拡張することは容易である．

定義 3（コーシー列）

$(v_n; n \geq 0)$ をノルム空間 $V = (V, \|\cdot\|)$ でのベクトルの列とする．このとき $\lim_{n\to\infty} \sup_{m\geq n} \|v_n - v_m\| = 0$ を満たす v_n をコーシー列と呼ぶ．

すべてのコーシー列が収束するようなノルム空間は特別である．実際，極限値をもたないコーシー列が存在するようなノルム空間を見つけることができる．

定義 4（完備性）

ノルム空間 V 内のすべてのコーシー列がベクトル空間上のノルムにおいて収束するとき，V は**完備**であるという．

---

20 世紀前半の偉大なポーランド人数学者であるバナッハに敬意を払った，以下の定義を導入する．

定義 5（バナッハ空間）

完備なノルム空間を**バナッハ空間**と呼ぶ．

バナッハ空間における理論の中でも特に有用な結果に，縮小写像や縮小作用素に関するものがある．これらの写像はリプシッツ写像の一種である．

定義 6

$V = (V, \|\cdot\|)$ をノルム空間とする．写像 $T : V \to V$ は，任意の $u, v \in V$ に対して

$$\|Tu - Tv\| \leq L\|u - v\|$$

を満たすとき**L-リプシッツ**であるという．写像Tは$L \leq 1$でリプシッツのとき**非拡大写像**と呼ばれる．特に$L < 1$でリプシッツならば**縮小写像**という．この場合，LはTの縮小係数，TはL-縮小写像と呼ばれる．

Tがリプシッツであるとき，$v_n \to_{\|\cdot\|} v$ならば$Tv_n \to_{\|\cdot\|} Tv$という意味でTは連続である．これは$n \to \infty$のとき$\|Tv_n - Tv\| \leq L\|v_n - v\| \to 0$が成り立つためである．

定義7　（不動点）

$T : V \to V$を写像とする．ベクトル$v \in V$が$Tv = v$を満たすとき，vをTの**不動点**と呼ぶ．

定理1　（バナッハの不動点定理）

Vをバナッハ空間，$T : V \to V$を縮小写像とする．このときTは唯一の不動点をもつ．さらに，vがTの唯一の不動点であるとき，任意の初期ベクトル$v_0 \in V$に対して，$v_{n+1} = Tv_n$と定義されるベクトル列は$v_n \to_{\|\cdot\|} v$を満たし，この収束は等比級数的な速度である．つまり

$$\|v_n - v\| \leq \gamma^n \|v_0 - v\|$$

となる．

証明　ある$v_0 \in V$を選び，v_nを上記の定義に従うベクトル列であるとしよう．最初に(v_n)が何らかのベクトルに収束することを示し，このベクトルがTの不動点であることを示す．最後に，Tがただ一つの不動点をもつことを証明する．

Tがγ-縮小写像であるとする．(v_n)が収束することを示すには，(v_n)がコーシー列であることを示せば十分である（Vがバナッハ空間，つまり完備なノルム空間であるため）．さて，

$$\begin{aligned}
\|v_{n+k} - v_n\| &= \|Tv_{n-1+k} - Tv_{n-1}\| \\
&\leq \gamma\|v_{n-1+k} - v_{n-1}\| = \gamma\|Tv_{n-2+k} - Tv_{n-2}\| \\
&\leq \gamma^2\|v_{n-2+k} - v_{n-2}\| \\
&\vdots \\
&\leq \gamma^n\|v_k - v_0\| \\
&\leq \gamma^n\left(\|v_k\| + \|v_0\|\right)
\end{aligned}$$

である．ここで

$$\|v_k\| \leq \|v_k - v_{k-1}\| + \|v_{k-1} - v_{k-2}\| + \ldots + \|v_1 - v_0\|$$

であり，先ほどと同じ議論により $\|v_i - v_{i-1}\| \leq \gamma^{i-1}\|v_1 - v_0\|$ が導かれる．ゆえに

$$\|v_k\| \leq \left(\gamma^{k-1} + \gamma^{k-2} + \ldots + 1\right) \|v_1 - v_0\| \leq \frac{1}{1-\gamma}\|v_1 - v_0\|$$

となる．したがって，

$$\|v_{n+k} - v_n\| \leq \gamma^n \left(\frac{1}{1-\gamma}\|v_1 - v_0\| + \|v_0\|\right)$$

から

$$\lim_{n\to\infty} \sup_{k\geq 0} \|v_{n+k} - v_n\| = 0$$

を得るが，これは $(v_n; n \geq 0)$ が確かにコーシー列であることを示している．ここで，(v_n) の極限値を v としよう．

さて，次のベクトル列 $(v_n; n \geq 0)$ の定義に立ち返ろう．

$$v_{n+1} = Tv_n$$

両辺の極限をとると，左辺では，$v_{n+1} \to_{\|\cdot\|} v$ を得る．一方右辺では，$Tv_n \to_{\|\cdot\|} Tv$ となる．これは T が縮小写像であり，それゆえに連続写像でもあるためである．よって，左辺が v に収束する一方，右辺は Tv に収束するという結果が得られたが，両辺の値は等しい．それゆえに，$v = Tv$ であることが示され，v は T の不動点であるといえる．

次に T の不動点の一意性の問題を考えてみよう．v, v' をともに T の不動点であると仮定する．このとき，$\|v - v'\| = \|Tv - Tv'\| \leq \gamma\|v - v'\|$，つまり $(1-\gamma)\|v - v'\| \leq 0$ が成り立つ．ノルムは非負の値のみをとり，$\gamma < 1$ であるため，$\|v - v'\| = 0$ が導かれる．こうして，$v - v' = 0$，つまり $v = v'$ となり，定理の前半部分の証明が完了する．

さらに定理の後半部分を示す．

$$\begin{aligned}
\|v_n - v\| &= \|Tv_{n-1} - Tv\| \\
&\leq \gamma\|v_{n-1} - v\| = \gamma\|Tv_{n-2} - Tv\| \\
&\leq \gamma^2\|v_{n-2} - v\| \\
&\vdots \\
&\leq \gamma^n\|v_0 - v\|
\end{aligned}$$

□

以上によって定理が示された．

A.2　MDPへの適用

この節で必要となる V^* を次のように定義する．

$$V^*(x) = \sup_{\pi \in \Pi_{\text{stat}}} V^\pi(x) \quad x \in \mathcal{X}$$

つまり，$V^*(x)$ は定常方策 π で達成できる収益の上限である．上限を取る範囲を，定常方策全体から取りうる方策全体に広げると，この上界はもっと大きくなる可能性がある．しかしながら，この節で考慮している MDP の場合，このように上限の範囲を変えても最適価値関数は変わらない[1]．この証明は難しくないが，ここでは省略する．

$B(\mathcal{X})$ を定義域 $\mathcal{X}$ をもつ有界関数の空間とする．

$$B(\mathcal{X}) = \{ V : \mathcal{X} \to \mathbb{R} : \|V\|_\infty < +\infty \}$$

さらに，$B(\mathcal{X})$ をノルム $\|\cdot\|_\infty$ をもつノルム空間とする．$(B(\mathcal{X}), \|\cdot\|_\infty)$ が完備であることは以下のように簡単に示すことができる．もし $(V_n; n \geq 0)$ がこの空間においてコーシー列であるならば，すべての $x \in \mathcal{X}$ に対して，$(V_n(x); n \geq 0)$ もまた実数上でのコーシー列である．ここで，$(V_n(x))$ の極限を $V(x)$ と表記すると，$\|V_n - V\|_\infty \to 0$ を示すことができる．大雑把にいえば，これは $(V_n; n \geq 0)$ がノルム $\|\cdot\|_\infty$ に対してコーシー列であり，$V_n(x)$ が $V(x)$ に収束する速さが x に依存しないという事実に基づく．

次に，任意の定常方策 π を選ぼう．π のもとでのベルマン作用素 $T^\pi : B(\mathcal{X}) \to B(\mathcal{X})$ は

$$(T^\pi V)(x) = r(x, \pi(x)) + \gamma \sum_{y \in \mathcal{X}} \mathcal{P}(x, \pi(x), y) V(y) \quad x \in \mathcal{X}$$

として定義されたことを思い出してほしい．ここで，T^π は well-defined である．すなわち，$U \in B(\mathcal{X})$ のとき $T^\pi U \in B(\mathcal{X})$ が成り立つ．式 (1.7) により定義される V^π が T^π の不動点となることは容易にわかる．

$$\begin{aligned} V^\pi(x) &= \mathbb{E}\left[R_1 | X_0 = x\right] + \gamma \sum_{y \in \mathcal{X}} \mathcal{P}(x, \pi(x), y) \mathbb{E}\left[\sum_{t=0}^{\infty} \gamma^t R_{t+2} | X_1 = y\right] \\ &= T^\pi V^\pi(x) \end{aligned}$$

さらに T^π が一様ノルム $\|\cdot\|_\infty$ について縮小写像となることも簡単に示すことができる．

$$\begin{aligned} \|T^\pi U - T^\pi V\|_\infty &= \gamma \sup_{x \in \mathcal{X}} \left| \sum_{y \in \mathcal{X}} \mathcal{P}(x, \pi(x), y)(U(y) - V(y)) \right| \\ &\leq \gamma \sup_{x \in \mathcal{X}} \sum_{y \in \mathcal{X}} \mathcal{P}(x, \pi(x), y) \left| U(y) - V(y) \right| \\ &\leq \gamma \sup_{x \in \mathcal{X}} \sum_{y \in \mathcal{X}} \mathcal{P}(x, \pi(x), y) \|U - V\|_\infty \\ &= \gamma \|U - V\|_\infty \end{aligned}$$

ただし，最後の行への式変形は $\sum_{y \in \mathcal{X}} \mathcal{P}(x, \pi(x), y) = 1$ であることによる．

[1] 訳注: つまり，最適価値関数は定常方策によって達成される．

このことから，V^π を探すためには，ベクトル列 $V_0, T^\pi V_0, (T^\pi)^2 V_0, \ldots$ を構成すればよく，これはバナッハの不動点定理より，V^π へ等比級数的な速度で収束することがわかる．

さて，ベルマン最適作用素の定義は次の $T^* : B(\mathcal{X}) \to B(\mathcal{X})$ であった．

$$(T^*V)(x) = \sup_{a\in\mathcal{A}} \left\{ r(x,a) + \gamma \sum_{y\in\mathcal{X}} \mathcal{P}(x,a,y)V(y) \right\} \quad x \in \mathcal{X} \tag{A.1}$$

この場合も T^* は well-defined である．ここから T^* が一様ノルム $\|\cdot\|_\infty$ に関して γ-縮小作用素であることを示していく．

まず以下の式を見ていく．

$$|\sup_{a\in\mathcal{A}} f(a) - \sup_{a\in\mathcal{A}} g(a)| \leq \sup_{a\in\mathcal{A}} |f(a) - g(a)|$$

これは初等的な場合分けを使った計算で導ける．この不等式を使い，T^π についてこれまで得ている結果も利用すると，

$$\begin{aligned}
\|T^*U - T^*V\|_\infty &\leq \gamma \sup_{(x,a)\in\mathcal{X}\times\mathcal{A}} \sum_{y\in\mathcal{X}} \mathcal{P}(x,a,y)\,|U(y) - V(y)| \\
&\leq \gamma \sup_{(x,a)\in\mathcal{X}\times\mathcal{A}} \sum_{y\in\mathcal{X}} \mathcal{P}(x,a,y)\,\|U - V\|_\infty \\
&= \gamma\,\|U - V\|_\infty
\end{aligned}$$

が得られる．こうして命題が示された．ただし，最終行の式変形は $\sum_{y\in\mathcal{X}} \mathcal{P}(x,a,y) = 1$ であることによる．

この節で最も重要な結果は以下の定理である．

定理 2

V を T^* の不動点とし，V に対してグリーディな方策，つまり $T^\pi V = T^*V$ を満たすような方策を π とすると，$V = V^*$ であり，π が最適方策である．

証明　任意の定常方策 π を選ぶ．このとき，すべての関数 $V \in B(\mathcal{X})$ に対して $T^\pi V \leq T^*V$ であるという意味で $T^\pi \leq T^*$ である（$U \leq V$ は任意の $x \in \mathcal{X}$ に対して $U(x) \leq V(x)$ であることを指す）．こうして，$V^\pi = T^\pi V^\pi \leq T^*V^\pi$，つまり $V^\pi \leq T^*V^\pi$ であることがわかる．また，$U \leq V$ のとき $T^*U \leq T^*V$ であるから，$T^*V^\pi \leq (T^*)^2 V^\pi$ もまた成り立つ．不等式をつなげると，$V^\pi \leq (T^*)^2 V^\pi$ を得る．この操作を続けていけば，すべての $n \geq 0$ に対して $V^\pi \leq (T^*)^n V^\pi$ となることがわかる．ここで，T^* は縮小写像であるため，右辺は V，つまり T^* の唯一の不動点に収束する（この段階では $V = V^*$ であるかはまだわからない）．こうして，$V^\pi \leq V$ を得る．方策 π の選び方は任意であるので，$V^* \leq V$ が示された．

次に，$T^\pi V = T^* V$ を満たす方策 π について考えることとする．V は T^* の不動点であるため，$T^\pi V = V$ である．しかし T^π の唯一の不動点は V^π であるので，$V^\pi = V$ でなければならない．よって $V^* = V$ であり，π が最適方策であることが示された．□

この定理の条件で V に関してグリーディな方策の存在を仮定したことには注意されたい．この仮定は有限の行動空間においては常に正しい．また無限の行動空間においても，いくつかの（連続性に関する）仮定のもとでは真となる．

次の定理は方策反復アルゴリズムの根拠となる．

定理 3　（方策改善定理）

ある定常方策 π_0 を選び，方策 π を V^{π_0} に関してグリーディな方策，すなわち，$T^\pi V^{\pi_0} = T^* V^{\pi_0}$ を満たすような方策だとする．このとき $V^\pi \geq V^{\pi_0}$，つまり π は π_0 の改善となる．特に，ある状態 x に対して $T^* V^{\pi_0}(x) > V^{\pi_0}(x)$ ならば，π は状態 x において π_0 の狭義の改善となる．すなわち $V^\pi(x) > V^{\pi_0}(x)$ が成り立つ．一方で，$T^* V^{\pi_0} = V^{\pi_0}$ である場合には π_0 は最適方策である．

証明　まず，$T^\pi V^{\pi_0} = T^* V^{\pi_0} \geq T^{\pi_0} V^{\pi_0} = V^{\pi_0}$ という関係式が与えられている．この不等式の両辺に写像 T^π を適用すると，$(T^\pi)^2 V^{\pi_0} \geq T^\pi V^{\pi_0} \geq V^{\pi_0}$ を得る．これを繰り返すと，すべての $n \geq 0$ に対して $(T^\pi)^n V^{\pi_0} \geq V^{\pi_0}$ が得られる．ここで両辺の極限をとれば，$V^\pi \geq V^{\pi_0}$ を導ける．

定理の 2 番目の主張については，$(T^\pi)^n V^{\pi_0}(x) \geq T^* V^{\pi_0}(x) > V^{\pi_0}(x)$ でもあることに気付けばよい．ここでも極限をとれば，$V^\pi(x) \geq T^* V^{\pi_0}(x) > V^{\pi_0}(x)$ が得られる．

定理の 3 番目の主張は以下のように示せる．まず $T^* V^{\pi_0} = V^{\pi_0}$ より V^{π_0} は T^* の不動点である．また，T^* は縮小写像であるから，唯一の不動点をもつ．これを V とすると，$V = V^{\pi_0}$ が得られる．一方，$V^{\pi_0} \leq V^* \leq V$ でもあったので，π_0 は最適方策でなければならない．□

方策反復の手続きでは，方策の列 $\pi_1, \pi_2, \ldots$ を，$i = 1, 2, \ldots$ で $V^{\pi_{i-1}}$ に対してグリーディな方策を π_i として選ぶことで生成する．グリーディな方策を選ぶ際にあたって，改善が行えない場合には前のステップの方策を保ったまま反復を終了することも仮定しておこう．

以下の系もすぐに得られる．

系 4

有限の MDP においては，方策反復の手続きは有限のステップ数で終了し最適方策を返す．さらに，MDP のある定常方策が最適であることと，その方策の価値関数が T^* の不動点であることは同値である.

証明 方策改善定理から，方策反復が生成する方策の列が狭義に改善していることが示されている．有限な MDP では有限個の方策しか存在しないため，反復の手続きは終了しなければならない．手続きが終了するときの最後の方策 π は $T^*V^\pi = T^\pi V^\pi = V^\pi$ を満たす．よって，方策改善定理の 3 番目の主張により，π は最適方策でなければならない．

後半部分は定理 3 から直ちに導かれる．□

系 5

V が T^* の唯一の不動点であるならば，V に関してグリーディな任意の方策は最適方策である．さらに，最適な定常方策 π^* が存在するならば $V = V^*$ であり，方策 π^* は V^* に関してグリーディである．

証明 前半部分は定理 2 より直ちに導かれる．

後半部分を示す．π^* が最適な定常方策であるとすれば，$V^{\pi^*} = V^*$ であるから，$V^{\pi^*} = T^{\pi^*}V^{\pi^*} \leq T^*V^{\pi^*}$ となる．また，系 4 の後半部分より，必ず $T^*V^{\pi^*} = V^{\pi^*}$ でもなければならない．よって，$V^{\pi^*} \leq V^* \leq V = V^{\pi^*}$ になる．つまりこれらはすべて等しく，$T^{\pi^*}V^* = T^*V^*$ である．□

この系の後半部分は本質的に，最適な方策だけが V^* に関してグリーディであることを示している．

付録 B

TD(λ) 法の前方観測的な見方と後方観測的な見方について

小山雅典・執筆[1)]

この訳者補遺の目的は，本書で別々に扱われている TD(λ) 法の前方観測的な見方と後方観測的な見方が等価であることを示すことである．

まず，前方観測的な見方と呼ばれる定式化から確認をする．本文の 2.1 節に記されているように，TD(λ) 法における $V_t(x)$ の目標値は，$X_t = x$ としたときの n ステップ先読みした観測と現在の価値関数から得られる推定収益

$$\mathcal{R}_{t:n} = \sum_{s=t}^{t+n} \gamma^{s-t} R_{s+1} + \gamma^{n+1} \hat{V}_t(X_{t+n+1}) \tag{B.1}$$

を先読み数 n に対して指数的に減少する重みで混合した

$$\mathcal{R}_t^{\lambda} = (1-\lambda) \sum_{n=0}^{\infty} \lambda^n \mathcal{R}_{t:n} \tag{B.2}$$

で与えられる．価値関数の推定値 $\hat{V}(x)$ は逐次的な更新

$$\hat{V}_{t+1}(x) = \hat{V}_t(x) + \alpha_t(\mathcal{R}_{t+1}^{\lambda} - \hat{V}_t(X_t))\mathbb{I}_{\{X_t=x\}} \tag{B.3}$$

を繰り返すことで最終的には

$$\hat{V}(x) = \hat{V}_0(x) + \sum_{t=0}^{\infty} \alpha_t(\mathcal{R}_{t+1}^{\lambda} - \hat{V}_t(X_t))\mathbb{I}_{\{X_t=x\}} \tag{B.4}$$

となるように更新がなされる．ただし，現実問題の多くでは混合は有限であり，目標値 $\mathcal{R}_t^{\lambda}$ は何らかの定数 T について

$$\mathcal{R}_{t+1:T}^{\lambda} = (1-\lambda) \sum_{n=0}^{T-(t+1)} \lambda^n \mathcal{R}_{t:n} + \lambda^{T-t} \mathcal{R}_{t:(T-(t+1))} \tag{B.5}$$

1) 付録 B は，訳者の一人である小山雅典により訳者補遺として執筆されたものである．

で計算される．先読みした目標値を陽に含むこの“前方観測的”表現は，TD 法に“モデルが観測に基づいて予測した価値関数と現在の価値関数の誤差を最小化している”という解釈を与えることができる．

しかしながら，逐次的な実装には同じく 2.1 節で書かれている“後方観測的”表現のほうが便利である．再掲になるが，後方観測的表現では $\hat{V}$ の更新則は適格度トレースを用いて

$$\delta_{t+1} = R_{t+1} + \gamma \hat{V}_t(X_{t+1}) - \hat{V}_t(X_t) \tag{B.6}$$

$$z_{t+1} = \mathbb{I}_{\{X_t=x\}} + \gamma\lambda z_t(x) \tag{B.7}$$

$$\hat{V}_{t+1}(x) = \hat{V}_t(x) + \alpha_t \delta_{t+1} z_{t+1}(x) \tag{B.8}$$

で与えられる．

上記の二通りの定式化を踏まえ，前方観測的な見方と後方観測的な見方が一致することを示す．ここでは α_t が定数 α で，かつ更新がエピソードの途中では行われないと仮定する．まず，等比数列の計算と和の入れ替えによって次の等式が成り立つ（この等式の証明は後述）．

$$\mathcal{R}^{\lambda}_{t+1:T} - \hat{V}_t(X_t) = \sum_{k=t}^{T} (\gamma\lambda)^{k-t} \delta_{k+1} \tag{B.9}$$

これを用いると，

$$\sum_{t=0}^{T} (\mathcal{R}^{\lambda}_{t+1:T} - \hat{V}_t(X_t)) \mathbb{I}_{\{X_t=x\}} = \sum_{t=0}^{T} \sum_{k=t}^{T} (\gamma\lambda)^{k-t} \delta_{k+1} \mathbb{I}_{\{X_t=x\}} \tag{B.10}$$

$$= \sum_{k=0}^{T} \delta_{k+1} \underbrace{\sum_{t=0}^{k} (\gamma\lambda)^{k-t} \mathbb{I}_{\{X_t=x\}}}_{z_{k+1}} \tag{B.11}$$

$$= \sum_{k=0}^{T} \delta_{k+1} z_{k+1} \tag{B.12}$$

となり，適格度トレース z_t の役割がもっと明白になるほか，整理すると式

$$\hat{V}(x) = \hat{V}_0(x) + \sum_{t=0}^{T} \alpha \delta_{t+1} z_{t+1}(x) = \hat{V}_0(x) + \sum_{t=0}^{T} \alpha (\mathcal{R}^{\lambda}_{t+1:T} - \hat{V}_t(X_t)) \mathbb{I}_{\{X_t=x\}} \tag{B.13}$$

から後方観測的表現と前方観測的表現が T までの更新を終了したときに等価となることがわかる．最後に，後回しにした (B.9) の証明を行う．式 (B.9) の第一項から $\hat{V}_t(X_t)$ を差し引いたものをみてみると，

$$(1-\lambda) \sum_{n=0}^{T-(t+1)} \lambda^n \mathcal{R}_{t:n} - \hat{V}_t(X_t) \tag{B.14}$$

$$= (1-\lambda) \sum_{n=0}^{T-(t+1)} \left(\lambda^n \Big(\sum_{m=0}^{n} \gamma^m R_{t+m+1} + \gamma^{n+1} \hat{V}_t(X_{t+n+1}) \Big) \right) - \hat{V}_t(X_t) \tag{B.15}$$

$$= (1-\lambda) \sum_{m=0}^{T-(t+1)} \gamma^m R_{t+m+1} \sum_{n=m}^{T-(t+1)} \lambda^n + (1-\lambda) \sum_{n=0}^{T-(t+1)} \lambda^n \gamma^{n+1} \hat{V}_t(X_{t+n+1}) - \hat{V}_t(X_t) \tag{B.16}$$

$$= \sum_{m=0}^{T-(t+1)} \gamma^m (\lambda^m - \lambda^{T-t}) R_{t+m+1} + \sum_{n=0}^{T-(t+1)} (\lambda^n \gamma^{n+1} - \lambda^{n+1} \gamma^{n+1}) \hat{V}_t(X_{t+n+1}) - \hat{V}_t(X_t) \tag{B.17}$$

$$= \sum_{m=0}^{T-(t+1)} \gamma^m (\lambda^m - \lambda^{T-t}) R_{t+m+1} + \sum_{n=0}^{T-(t+1)} \lambda^n \gamma^{n+1} \hat{V}_t(X_{t+n+1}) - \sum_{n=0}^{T-t} \lambda^n \gamma^n \hat{V}_t(X_{t+n}) \tag{B.18}$$

$$= \sum_{m=0}^{T-(t+1)} \gamma^m (\lambda^m - \lambda^{T-t}) R_{t+m+1} + \sum_{n=0}^{T-(t+1)} \lambda^n \gamma^{n+1} \hat{V}_t(X_{t+n+1}) - \lambda^n \gamma^n \hat{V}_t(X_{t+n}) \\ - (\lambda\gamma)^{T-t} \hat{V}_t(X_{T-t}) \tag{B.19}$$

$$= \sum_{m=0}^{T-(t+1)} (\gamma\lambda)^m (R_{t+m+1} + \gamma \hat{V}_t(X_{t+m+1}) - \hat{V}_t(X_{t+m})) \\ - \lambda^{T-t} \left(\sum_{m=0}^{T-(t+1)} \gamma^m R_{t+m+1} + \gamma^{T-t} \hat{V}_t(X_{T-t}) \right) \tag{B.20}$$

$$= \sum_{m=0}^{T-(t+1)} (\gamma\lambda)^m \delta_{t+m+1} - \lambda^{T-t} \mathcal{R}_{t:(T-(t+1))} \tag{B.21}$$

となっている．ただし，最後の式は V_t がすべての t において同じでない限り，つまり一つのエピソードの間は V が固定されていない限りは近似であり等式ではないことに注意しよう．ここに (B.9) の第二項を加えると，上の式の第二項と消し合うため，所望した結果が得られる．以上の計算では (B.9) を得るために和を入れ替えなければならなかったことにも注意されたい．つまり，任意の t までの後方観測的表現の部分和と任意の t までの前方観測的表現の部分和は同じではなく，二つは “最終結果” においてのみ同じである保証があることを意味している．また，同じ手続きを用いて $T \uparrow \infty$ でも前方と後方の等価性を得ることができるということも付け加えておきたい．

付録 C

深層強化学習を含む最近の発展

小山田創哲・執筆[1)]

本書の原著が出版された 2010 年から，この訳書を執筆している 2017 年までの間に，強化学習は**深層学習** (deep learning; Goodfellow et al., 2016) と結びつき，**深層強化学習** (deep reinforcement learning) として一躍脚光を浴びる分野の一つとなった．深層強化学習による研究成果が，2015 年以降の人工知能研究の代表例として技術者でない人にまで知られるきっかけとなったのは，Google DeepMind 社による **DQN** (deep *Q*-network) を用いた人間レベルの汎用的なゲーム AI の開発と，同じく DeepMind 社によるトッププロ棋士以上の棋力を誇る囲碁 AI，**AlphaGo** の開発であろう (Mnih et al., 2015; Silver et al., 2016)．上記の DeepMind 社による研究成果を聞くと，2010 年と 2017 年の間に一体どれほどの進展が強化学習研究であったのか，不安に思う読者もいるかもしれない．しかし，深層学習に関するわずかな予備知識を除けば，2017 年時点での最新の強化学習を理解するために必要な基本的な知識・アイデアは，この本の中ですでに語られているものばかりである．この訳者補遺の目的は，主な最新の強化学習研究を概観し，それらの研究の基礎に本書で述べられているアルゴリズムがあることを確認することで，本書と最先端の強化学習研究との橋渡しを行うことである．具体的にはまず，深層学習に関する必要最低限の背景を説明したうえで，本書で書かれている基本的な知識・アイデアを振り返りつつ，深層強化学習を含む最近の重要な進展について説明していくこととする．

この訳者補遺で説明する強化学習技術：DQN (deep *Q*-network), Double DQN, dueling network, prioritized experience replay, A3C (asynchronous advantage actor-critic), TRPO (trust region policy optimization), GAE (generalized advantage estimator), AlphaGo.

1) 付録 C は，訳者の一人である小山田創哲により訳者補遺として執筆されたものである．

C.1　深層強化学習のための深層学習

本節では，深層強化学習を学ぶために最低限必要な深層学習の知識について説明をする．まず深層学習そのものの説明の前に，そもそもなぜ深層学習が強化学習において必要なのか確認したい．これは端的にいえば，より表現力が豊かで関数近似性能が高い関数近似器を使うのが価値推定・制御の性能向上にとって重要であり，深層学習における**深層ニューラルネットワーク** (deep neural network) が，その表現力が豊かな関数近似器としての役割を果たすからである．この本でもすでに，関数近似は線形関数近似器を使った場合について見てきた．2.2.1 節で紹介された Parr et al. (2008) による議論は，少なくとも線形関数近似においては，特徴量の関数近似における誤差が，MRP における価値関数の推定の誤差に直接影響を与える要因であることを示唆していた．また，この議論は方策 π に関する行動価値関数の場合にも拡張されており，価値推定だけでなく，制御の場合にも特徴量の関数近似誤差が性能に影響を与える重要な要因であることが示唆されている (Song et al., 2016)．ニューラルネットワークは高い関数近似性能を示すことができるので (Hornik et al., 1989; Cybenko, 1989)，ニューラルネットワークを関数近似器として用いれば，人手では設計するのが難しい複雑な特徴量も獲得することができ，価値推定・制御において高い性能が獲得できるのではないかという期待ができる．深層ニューラルネットワークを使うことの大きな利点の一つは，まさにこの特徴抽出を人の手によらずデータから一貫して自動で学習できる点にある．これらを踏まえ，深層強化学習では価値関数 $V(x)$，行動価値関数 $Q(x,a)$，あるいは方策 $\pi(a|x)$ を深層ニューラルネットワークを用いて関数近似することになる．

本節では，まず深層学習に関する予備知識として基本的なニューラルネットワークの仕組みについて述べ，画像を入力として扱うのに適した**畳み込みニューラルネットワーク** (convolutional neural network; CNN) についても説明をする．深層学習そのものについてより詳しく知りたい場合には Goodfellow et al. (2016) などを参照して頂きたい．

C.1.1　ニューラルネットワークを用いた関数近似

本書ではすでに，固定された特徴量 $\varphi(x)$ を使って $V_\theta(x) = \theta^\top \varphi(x)$ と価値関数（あるいは行動価値関数）を線形関数近似し，その勾配 $\nabla_\theta V_\theta(x) = \varphi(x)$ を使って学習するアルゴリズムを見てきた．対してニューラルネットワークでは，線形な変換をする関数 $f^{(l)}(x) = W^{(l)}x + b^{(l)}$（ただし，$W^{(l)} \in \mathbb{R}^{d^{(l)} \times d^{(l-1)}}, b^{(l)} \in \mathbb{R}^{d^{(l)}}$）と，シグモイド関数 $1/(1+\exp(-x))$ のような非線形な活性化関数を要素ごとに作用させる関数 $g^{(l)}(x)$ を，$h^{(L)}(x) = (g^{(L)} \circ f^{(L)} \circ g^{(L-1)} \circ \cdots \circ f^{(2)} \circ g^{(1)} \circ f^{(1)})(x)$ と繰り返し作用させることで複雑な関数近似が可能な関数を構成する．深層ニューラルネットワークの名前は，こうした $(g^{(l)} \circ f^{(l)})(x)$ による変換を一層とみなすと，（場合によっては）何十，何百もの層状のネットワークが構築されることに由来する．この層を構成する要素やアーキテクチャはデータの特徴やタスクに合わせて様々なバリエーションが存在するが，次節では画像の扱いに長けた畳み込みニューラルネットワークを紹介する．

最終的な出力層は求められる出力の形式に依存し，大まかには価値関数 $V(x)$ を近似する場合など出力がスカラー値の場合と，方策 $\pi(a|x)$ を近似する場合など出力が確率を表すベクトル値の場合とで異なる．前者の場合，出力層には線形な変換を施す層が用いられ，後者の場合，出力層にはソフトマックス関数 $\sigma(x) = \exp(x_i)/\sum_j \exp(x_j)$ を使った $\sigma(Wh^{(L)}(x)+b)$（ただし，$W \in \mathbb{R}^{|\mathcal{A}|\times d^{(L)}}, b \in \mathbb{R}^{|\mathcal{A}|}$）が用いられるのが一般的である．

パラメータ全体を θ と表すと，非線形なニューラルネットワークを用いた関数近似器のパラメータに関する勾配（$\nabla_\theta V_\theta(x)$ や $\nabla_\theta Q_\theta(x,a)$）は，合成関数の微分を利用した誤差逆伝搬法 (backpropagation; Rumelhart et al., 1986) によって求めることができるので，これを本書で見てきたような関数近似器の勾配を使った学習アルゴリズムにそのまま適用することができる．ただし，深層ニューラルネットワークを用いた関数近似器は非線形なので，例えば 2.2.1 節でみた関数近似器を用いた TD 学習の収束に関する条件などは成り立たないことに留意する必要がある．しかしながら冒頭に述べたように，深層強化学習はこうした収束性に関する不利益を補って余りある成果を上げている．

C.1.2 CNN (convolutional neural network)

この節では，**畳み込みニューラルネットワーク** (convolutional neural network; CNN) と呼ばれるニューラルネットワークのアーキテクチャについて説明する (Fukushima and Miyake, 1982; LeCun et al., 1998)．深層学習において CNN は一般に画像データに対して用いられ，深層強化学習においても画像からの特徴抽出器として用いられることになる．2.2 節のロボットアームの例を思い出してみよう．今，ロボットアームの状態の “本質的な次元数” は，関節の数や自由度に依存して 12 であることがわかっている．もし仮に関節等にセンサーを付けずに高解像度カメラで撮影した画像だけからこのロボットアームを制御しようと試みた場合，画像による状態表現は極めて高次元になってしまい，本質的にどのような状態なのかを見極めるのは難しい．制御性能を高めるためには，“本質的な次元” をうまく捉えられる関数近似器が必要になる．CNN はこれから説明するように，画像の特徴量における位置不変性や空間的な連続性をうまく利用することで，少ないパラメータで効率的に画像から特徴抽出をすることが可能である．

ここからの CNN の説明においては，図 C.1 も適宜参照して頂きたい．CNN では，通常の全結合したニューラルネットワークと違い，前の層からみて空間的に近い一部分からしか入力を受け取らない（図 C.1ab）．これは特に自然画像の特徴において空間的な連続性が存在するからであり，神経科学における用語から**局所受容野** (local receptive field)

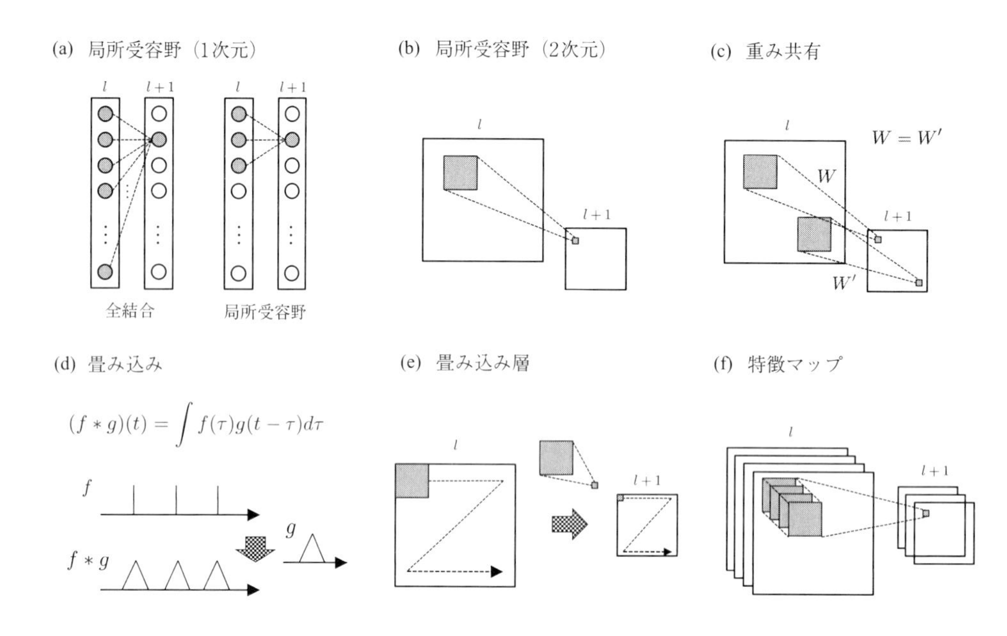

図 C.1　(a) **1 次元の局所受容野**．全結合の場合（左）と異なり，局所受容野（右）では $l+1$ 番目の層の各ユニットは，出力を受け付けるユニットを l 番目の層で空間的な位置が近いユニットだけに限定する．(b) **2 次元の局所受容野**．1 次元の場合と同じく，各ユニットが出力を受け付けるユニットを空間的に限定する（l 番目の層における網状の正方形の空間内のユニット）．(c) **重み共有**．自然画像の特徴における位置不変性から，$l+1$ 番目の層の各ユニットからみて，相対的に同じ位置にある重みパラメータを同じにする．(d) **畳み込み演算**．フィルタ g を使った畳み込み計算．(e) **畳み込み層**．畳み込み演算と同様に，重み（フィルタ）の位置をずらしながらユニットの出力を重み付け和して出力していく．(f) **特徴マップ**．特徴マップを複数枚用意して様々な特徴を学習できるようにする．

と呼ばれる．また，自然画像の特徴は位置不変性を仮定できる場合が多いので，$l+1$ 番目の層の各ユニットからみて，相対的に同じ位置にある重みパラメータを同じにする**重み共有** (weight sharing) も用いられる（図 C.1c）．この共有された同じ重み（フィルタ）を位置をずらしながら作用させていく操作は，いわゆる畳み込み演算として理解できるので，こうした構造をもつ層を**畳み込み層** (convolutional layer) と呼ぶ（図 C.1de）．ただし，このままでは局所的な特徴をフィルタ 1 枚で一種類だけしか学習できないので，こうしたフィルタとその出力に対応する**特徴マップ** (feature map) を複数用意することで，様々な特徴を学習できるようにしている（図 C.1f）．なお，物体認識などで使われる CNN では**プーリング層** (pooling layer) と呼ばれる層を上記の畳み込み層の後に繋げ，それらを積み重ねるのが一般的だが，Mnih et al. (2015) を初めとして Atari 2600 における特徴抽出器の実装では，プーリング層ははさまず畳み込み層だけ積み重ねる場合が多い．

C.2 価値反復に基づく強化学習アルゴリズムにおける発展

この節では，価値反復に関連する深層強化学習の手法として，DQN とその拡張について説明をする．

C.2.1 DQN (deep *Q*-network)

まず初めに説明するアルゴリズムは **DQN** (deep *Q*-network) である．DQN は Deep-Mind 社から Nature 誌上で発表された "Human-level control through deep reinforcement learning" という論文で提案された (Mnih et al., 2015)[2]．このタイトルで述べている制御 (control) は，ゲームにおける制御，平たくいえばゲーム AI のことであり，人間レベルのゲーム AI を深層強化学習で構築したということになる．これだけ聞くと DQN の何が目新しいのかはっきりしないかもしれない．DQN のそれまでの研究と比較して特筆すべき点はまず，ゲームに関する事前知識やゲーム内の信号を入力に使わず，ゲーム画面の画像フレームを状態，コントローラの操作を行動として行動価値を直接学習した点である．また DQN は，Atari 2600 の様々なゲームそれぞれに対してチューニングをせずに学習しても，ゲームに関する事前知識を利用して学習した既存手法と比べても概ね高い性能を示し，さらに人間と比べても 49 ゲーム中 29 ゲームで人間と同程度以上の性能を示した．本節では，DQN についてそのアーキテクチャと学習における工夫について説明する．

DQN は，3.3.2 節で説明した関数近似器を用いた Q 学習を発展させて，最適行動価値関数 $Q^*(x,a)$ の推定に深層ニューラルネットワークを用いている．Atari 2600 における DQN では，状態はゲーム画面の直近 4 フレームで構築され，行動はコントローラの操作可能パターン (≤ 18) である．先に述べたように，Atari 2600 のゲーム画面のフレームを直接状態として扱っている点は，DQN の研究において特筆すべき点である．留意すべき点としては，DQN のアーキテクチャは，状態と行動の組 (x,a) に対してスカラー値 $Q^*(x,a)$ を割り当てるのではなく，状態 x に対して，各行動 $a_1,\ldots,a_{|\mathcal{A}|}$ を採用したときの最適行動価値関数の値 $Q^*(x,a_1),\ldots,Q^*(x,a_{|\mathcal{A}|})$ を予測している点である（図 C.2）．このアーキテクチャを採用することで，画像からの特徴抽出には共通したパラメータを使うことになり，パラメータ数を減らし学習を容易にしている．この状態に対応する画像から，最適行動価値 $Q^*(x,a_1),\ldots,Q^*(x,a_{|\mathcal{A}|})$ を出力する関数として C.1.2 節で説明した CNN が使われている（図 C.2）．

さて 3.3.1，3.3.2 節でみたように，関数近似器を用いた Q 学習の更新則は次のようなものであった:

---

[2] これより前に国際会議のワークショップで簡易版の結果が発表されているが，ここでは触れない (Mnih et al., 2013).

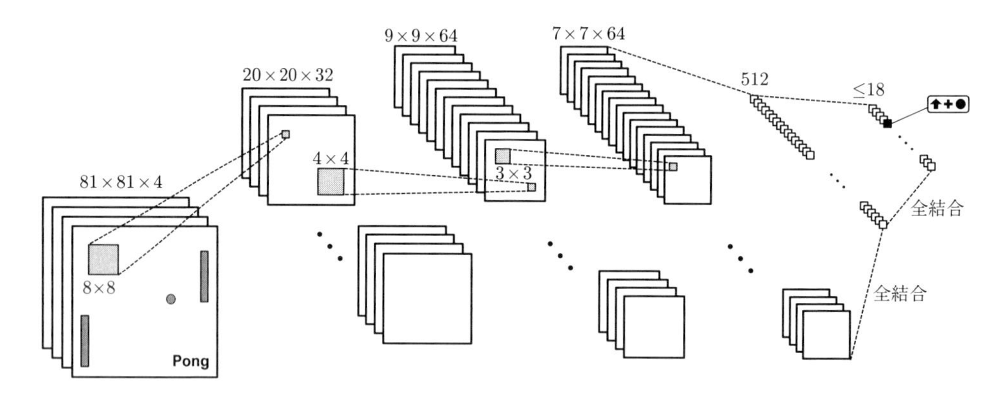

図C.2　DQNのネットワークのアーキテクチャ.

$$
\begin{aligned}
\delta_{t+1} &= R_{t+1} + \gamma \max_{a' \in \mathcal{A}} Q_{\theta_t}(Y_{t+1}, a') - Q_{\theta_t}(X_t, A_t) \\
\theta_{t+1} &= \theta_t + \alpha_t \, \delta_{t+1} \, \nabla_\theta Q_{\theta_t}(X_t, A_t)
\end{aligned}
\tag{C.1}
$$

DQNでもこのTD誤差を最小化する更新則はほぼそのままである．ただし，非線形な深層ニューラルネットワークを関数近似器として用いるため，3.3.2節でみたようにQ学習の収束は保証されず，発散さえしうる．また深層ニューラルネットワークのパラメータ数は膨大で，学習は容易でない．

そのため，DQNではこの不安定になりがちな学習を，通常のQ学習のアルゴリズムにいくつか工夫を施すことで改善している．この不安定性の要因はいくつか考えられるが，DQNでは少なくとも次の二つの要因を仮定している．

1. サンプル$(X_t, A_t, R_{t+1}, Y_{t+1})$の系列に相関がある．サンプル系列に相関があると，確率的勾配法による最適化がうまく働かなくなってしまう．
2. Q学習の目標値$R_{t+1} + \gamma \max_{a' \in \mathcal{A}} Q_{\theta_t}(Y_{t+1}, a')$と現在推定している行動価値関数の値$Q_{\theta_t}(X_t, A_t)$の間に相関がある．目標値も$Q_{\theta_t}(X_t, A_t)$に依存するため，$Q_{\theta_t}(X_t, A_t)$の更新により目標値も変化し学習の振動・発散に繋がりやすくなる．

これらに対する，DQNで用いられた学習上の工夫は次の2点である．

1. **経験再生 (Lin, 1992) の利用**．観測したサンプル$(X_t, A_t, R_{t+1}, Y_{t+1})$を一度リプレイバッファへ貯蔵し，このリプレイバッファからランダムにサンプリングすることでサンプル間の相関を軽減し，独立同分布に近い状況での学習を可能にする．
2. **ターゲットネットワーク (target network) の利用**．Q学習の更新則における目標値の計算において，Q_{θ_t}の代わりに，パラメータが古いもので固定されたターゲットネットワーク$Q_{\theta_t^-}$からの出力を計算に使用して学習を行う．$Q_{\theta_t^-}$は一定の周期でQ_{θ_t}と同期を行う．結果として，TD誤差は$\delta_{t+1}^{\mathrm{DQN}} = R_{t+1} + \gamma \max_{a' \in \mathcal{A}} Q_{\theta_t^-}(Y_{t+1}, a') - Q_{\theta_t}(X_t, A_t)$となる．これによりパラメータを更新してもターゲットの関数は固定されたままになる．なお，3.3.2 節で登場した適合 Q 反復も着想がほぼ同じアルゴリズムではあるが，毎回パラメータをリセットしてゼロから学習し直す点が DQN とは異なる．

図 C.3 で示すように，これら二つの工夫は Atari 2600 において性能の向上に大きく貢献している．またその他の工夫として，報酬を $[-1,1]$ の範囲でクリッピング (clipping) しており，Atari 2600 では結果として報酬は正負に応じて $\{-1,0,1\}$ の 3 パターンとなる．これは複数ゲーム間で同じハイパーパラメータを用いて学習する手助けになるとしている．

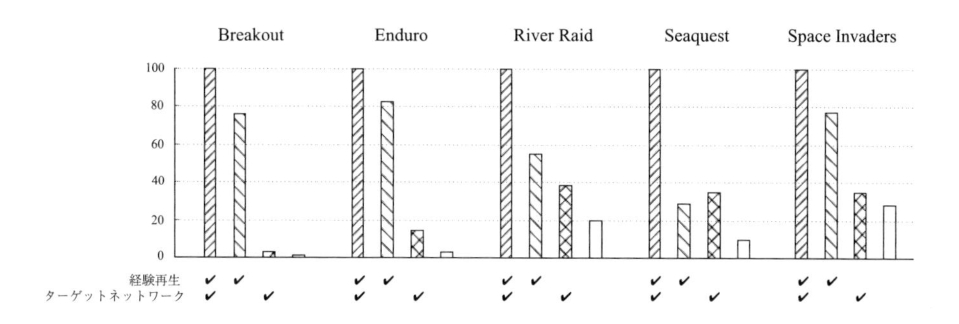

図 C.3　DQN での学習の工夫による性能の向上．経験再生とターゲットネットワークを両方使用したとき，片方だけ使用したとき，両方使用しなかったときのゲームごとのスコアの比較．各ゲームにおいて経験再生，ターゲットネットワークともに利用した場合を 100 として正規化している．

C.2.2　Double DQN

DQN では，目標値 $y_t^{\mathrm{DQN}} = R_{t+1} + \gamma \max_{a' \in \mathcal{A}} Q_{\theta_t^-}(Y_{t+1}, a')$ の中に max を取る操作が入っているが，ここで最大の行動価値をもたらすとして選ばれた a' は，$Q_{\theta_t^-}(Y_{t+1}, a)$ の推定誤差がたまたま a' において上に大きく振れてしまったがために選ばれた可能性がある．さらに，こうした選択がされる可能性は行動空間が大きくなるほど高くなる．このとき目標値 y_t^{DQN} は $Q_{\theta_t^-}(Y_{t+1}, a)$ の a' における推定誤差により過剰に大きく見積もられてしまう．これを防ぐため，**Double DQN** (Van Hasselt et al., 2016) では，目標値 $y_t^{\mathrm{DQN}} = R_{t+1} + \gamma \max_{a' \in \mathcal{A}} Q_{\theta_t^-}(Y_{t+1}, a')$ を次の $y_t^{\mathrm{DoubleDQN}}$ と置き換える．

$$y_t^{\mathrm{DoubleDQN}} = R_{t+1} + \gamma Q_{\theta_t^-}\left(Y_{t+1}, \operatorname*{argmax}_{a' \in \mathcal{A}} Q_{\theta_t}(Y_{t+1}, a')\right) \tag{C.2}$$

この目標値 $y_t^{\mathrm{DoubleDQN}}$ では，仮に $Q_{\theta_t}(Y_{t+1}, a)$ の推定誤差によって，たまたま $Q_{\theta_t}(Y_{t+1}, a)$ の値が大きい行動 a' が選択されても，a' を使って目標値として評価される行動価値関数

$Q_{\theta_t^-}(Y_{t+1}, a)$ はまた別の推定誤差をもつため，過剰に大きな目標値の推定が抑制されることが期待できる．Atari 2600 における実験では，DQN と比べても 57 ゲームのうち 90% 以上のゲームで性能改善が確認されている．

C.2.3　デュエリングネットワーク (dueling network)

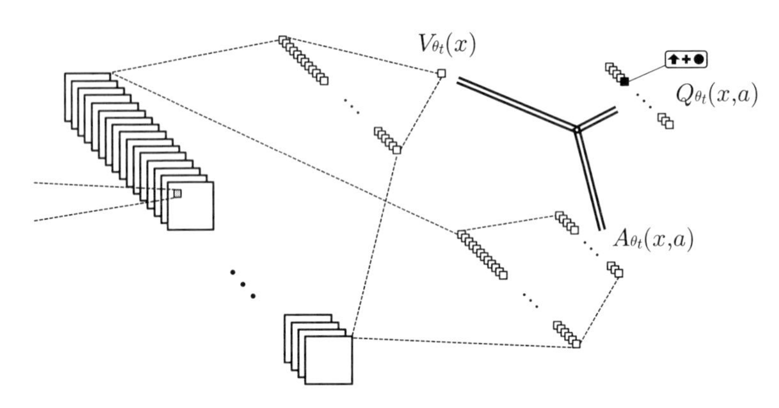

図 C.4　デュエリングネットワークを使った DQN のアーキテクチャ．二重線部分で式 (C.4) の演算を行っている．

DQN では各状態ごとに複数の行動価値を一度に出力しているが，これは効率的なアーキテクチャであろうか？ 例えば，行動価値が状態にだけ大きく依存して，行動の選択による影響が相対的に小さい場合では，スカラー値の状態価値を一つだけ学習すればそれだけでも TD 誤差を十分小さくできるはずである．しかし，DQN では複数の行動ごとの行動価値 $Q^*(x, a_1), \ldots, Q^*(x, a_{|\mathcal{A}|})$ をすべて学習する必要がある．**デュエリングネットワーク** (dueling network; Wang et al., 2016b) はこの問題を解決するために，行動に紐付いた価値とは別に，状態だけに依存した価値を一度予測するニューラルネットワークである．デュエリングネットワークを理解するために，次の**アドバンテージ関数** (advantage function) を導入する:

$$A^\pi(x, a) = Q^\pi(x, a) - V^\pi(x) \tag{C.3}$$

アドバンテージ関数はその定義から，（ある状態において）ある特定の行動を選択したときの価値から，その状態で π に従って行動を選択したときの（平均的な）価値を差し引いたものである．デュエリングネットワークのアーキテクチャは，アドバンテージ関数の式 (C.3) に着目して，DQN で推定している行動価値関数を，$Q_{\theta_t}(x, a) = V_{\theta_t}(x) + A_{\theta_t}(x, a)$ と分解する（図 C.4）．ただし，ここで $V_{\theta_t}(x)$ と $A_{\theta_t}(x, a)$ は厳密に価値関数とアドバンテージ関数を推定しているわけでなく，状態 x だけに依存する関数と，状態 x と行動 a 双方に依存する関数に分離しているだけなので，不定性（例えば片方をある定数だけ大きく推定し，もう片方を同じだけ小さく推定することもできる）が存在する．これを軽減するため，実際には $A_{\theta_t}(x,a)$ は平均的に 0 だとして式 (C.4) を採用しており，図 C.4 の二重線部分のアーキテクチャでこの演算を行っている．

$$Q_{\theta_t}(x,a) = V_{\theta_t}(x) + \left(A_{\theta_t}(x,a) - \frac{1}{|\mathcal{A}|} \sum_{a' \in \mathcal{A}} A_{\theta_t}(x,a') \right) \tag{C.4}$$

なお，このように状態だけに依存する部分を別に推定することで分散を小さくさせるアイデアは，本文中でもすでに 3.4.1 節などで登場していることに留意してほしい．DQN との変更点はこのアーキテクチャ部分だけであり，$V_{\theta_t}(x)$ や $A_{\theta_t}(x,a)$ の学習に教師信号は必要ない．これによって通常の DQN のアーキテクチャと同様の誤差逆伝搬法で学習できる点がこの構造の利点である．Atari 2600 における実験では，前節で紹介した Double DQN と比べて 57 ゲーム中 80% 以上のゲームで性能の改善が確認されている．

C.2.4 優先順位付き経験再生 (prioritized experience replay)

先に述べたように，経験再生はサンプル間の相関を軽減するうえで重要な役割を果たすが，各サンプルの重要度については何も考慮していない．**優先順位付き経験再生** (prioritized experience replay; Schaul et al., 2015) は，TD 誤差の大きいサンプルを優先的にサンプリングすることで学習の効率を改善している．サンプルを保持するリプレイバッファのバッファサイズを N とすると，通常の経験再生ではリプレイバッファ中の i 番目のサンプルが選択される確率は $p(i) = 1/N$ である．優先順位付き経験再生においては代わりに，TD 誤差の絶対値の大きいサンプルほどサンプルされやすい分布 $q(i)$ に従ってサンプリングを行う．これによって，まだ学習が十分でないサンプルについて優先的に学習をすることができると考えられる．

ただし，このサンプリングする分布の変更は勾配の期待値の推定にバイアスを生じさせる．これを軽減するために，優先順位付き経験再生では**重点サンプリング** (importance sampling)[3)] を行う．ここでは，次の重み

$$w_i = \left(\frac{p(i)}{q(i)} \right)^{\beta} = \left(\frac{1}{N \cdot q(i)} \right)^{\beta} \tag{C.6}$$

を更新の変化量に掛けることで，推定のバイアスを軽減する（$\beta = 1$ で最もバイアスが改善される）．優先順位付き経験再生では学習の途中で β を 1 まで少しずつ大きくさせてい

---

3) 重点サンプリングとは，次式のようにある統計量の分布 p に関する期待値をサンプリングによって推定するにあたって，分布 p からはサンプリングせず，より都合の良い分布 q を使ってサンプリングし推定する手法である．

$$\mathbb{E}_p[f(X)] = E_q\left[\left(\frac{p(X)}{q(X)} \right) f(X) \right] \approx \frac{1}{N} \sum_{i}^{N} \left(\frac{p(X_i)}{q(X_i)} \right) f(X_i) \quad (X_i \sim q) \tag{C.5}$$

ただし，$\mathbb{E}_p$ は分布 p による期待値を表すものとする．この重点サンプリングは，強化学習において頻繁に用いられ，特に方策オフ型学習において p が推定方策で q が挙動方策である場合などに用いられる．

る．重点サンプリングの結果として，TD誤差の大きいサンプルはサンプリングされやすい代わりに更新幅は相対的に小さくなり，逆にTD誤差の小さいサンプルはサンプリングされにくい代わりに更新幅は相対的に大きくなる．Atari 2600における実験では，この優先順位付き経験再生を用いたDouble DQNは，$q(i)$の実装にもよるが，通常のDouble DQNと比べても57ゲーム中65%以上のゲームで性能の改善が確認された．

C.3　方策反復に基づく強化学習アルゴリズムにおける発展

この節では方策勾配法を中心として，方策反復による深層強化学習アルゴリズムについて説明をする．

C.3.1　A3C (asynchronous advantage actor-critic)

方策反復ベースの強化学習アルゴリズムの深層学習発展として代表的なアルゴリズムの一つが，**A3C** (Asynchronous Advantage Actor-Critic)である (Mnih et al., 2016)．DQNは深層ニューラルネットワークの学習を安定させるために経験再生・ターゲットネットワークといった工夫を施していたが，A3Cはサンプルの生成を並列に行い，パラメータの更新を非同期で行うことで学習の安定を図っている．深層ニューラルネットワークを使ったモデルは，2017年現在GPU上で学習されるのが一般的であり，DQNも多くの場合GPU上で学習されることになるが，A3Cはより一般的で廉価なマルチコアCPUの単一マシン上で学習することができるうえに，あとで紹介するようにAtari 2600ドメインでDQNより短い学習時間でDQNよりも高い性能を達成した．経験再生を用いて方策オフ型で学習をしていたDQNとは対照的に，経験再生を使わない方策オン型での学習なので，本書でも度々登場した複数ステップ（先読み）法が使える点や，方策のモデルとして再帰ニューラルネットワーク (recurrent neural network; RNN)[4] を利用できるのも大きな利点である．

A3Cについて説明する前にまず，3.4.2節で説明されたactor-critic法としての方策勾配法を振り返ろう．方策勾配法は，方策π_ωに従ったときの期待収益$\rho_\omega = \mathbb{E}\left[\sum_{t=0}^{\infty} \gamma^t R_{t+1}\right]$が最大になるよう，パラメトライズされた方策$\pi_\omega$を勾配法で最適化するアルゴリズムであった．スコア関数$\psi_\omega(x,a) = \frac{\partial}{\partial\omega}\log \pi_\omega(a|x)$を定義したとき，更新に用いられる$\nabla_\omega \rho_\omega$の推定量

$$G(\omega) = \left(Q^{\pi_\omega}(X,A) - h(X)\right)\ \psi_\omega(X,A) \tag{C.7}$$

---

[4] RNNは，系列データの扱いに長けたニューラルネットワークのアーキテクチャの一種である．より長期的な依存関係が学習できるとされるLSTM (long short-term memory)もRNNの拡張として使われることが多い．RNNとLSTMに関しての詳細はGoodfellow et al. (2016)を参照されたい．

は，3.4.2 節の方策勾配定理から，方策 π とその方策から定まる状態の定常分布についての期待値に関して不偏推定量となる: $\nabla_\omega \rho_\omega = \mathbb{E}[G(\omega)]$．このとき，$h(X)$ は推定量の分散を小さくする目的で導入される任意の関数で，**ベースライン** (baseline) と呼ばれる．方策勾配法には様々なものがあるが，Q^{π_ω} と h の推定量をどのように設計・選択するかが一つの分岐点となる．パラメトリックな価値関数を推定せず，サンプルされた収益 $\sum_{k=0}^{\infty} \gamma^k R_{t+k+1}$ で $Q_t^{\pi_\omega}(X_t, A_t)$ を推定し，$h = 0$ とすれば，REINFORCE アルゴリズムが得られる (Williams, 1987)．一方，何らかの形でパラメトリックな価値関数を用いて $Q_t^{\pi_\omega}(X_t, A_t) - h(X)$ を推定すれば，この方策勾配法は π_ω を actor，推定した価値関数を critic とした actor-critic 法を実装しているとみなすことができる．この critic の実装には 3.4.2 節でみた親和的な関数近似器を使うものを含めいくつか種類があるが，A3C アルゴリズムではこれから説明するように，価値関数 $V_\theta^{\pi_\omega}(X)$ を推定したうえで，これを用いて $Q^{\pi_\omega}(X, A) - h(X)$ を C.2.3 節でみたアドバンテージ関数 $A^{\pi_\omega}(X, A)$ として推定をする．

■**Advantage Actor-Critic**　A3C では，$h(X) = V^{\pi_\omega}(X)$ とベースラインを設定する．このとき $G(\omega)$ は，C.2.3 節で定義したアドバンテージ関数を用いて，$G(\omega) = \left(Q^{\pi_\omega}(X, A) - V^{\pi_\omega}(X)\right) \psi_\omega(X, A) = A^{\pi_\omega}(X, A)\, \psi_\omega(X, A)$ と書くことができる．A3C アルゴリズムは，このアドバンテージ関数を価値関数を使って推定するため，actor-critic 法を実装しているとみなすことができ，アルゴリズム名 A3C の Advantage と Actor-Critic はこれに由来している．より具体的には，A3C では勾配の推定量として，$h(X_t)$ の推定に深層ニューラルネットワークで近似した $V_\theta^{\pi_\omega}(X_t)$ を用い，$Q^{\pi_\omega}(X_t, A_t)$ の推定に k-ステップ先読みした収益 $\sum_{i=0}^{k-1} \gamma^i R_{t+i+1} + V_\theta^{\pi_\omega}(X_{t+k})$ を用いる．

$$\hat{G}_t(\omega) = \left(\left(\sum_{i=0}^{k-1} \gamma^i R_{t+i+1} \right) + V_\theta^{\pi_\omega}(X_{t+k}) - V_\theta^{\pi_\omega}(X_t) \right) \psi_\omega(X_t, A_t) \tag{C.8}$$

このように複数ステップ先読みした収益を使うのが，方策オン型の A3C アルゴリズムの特徴の一つである．ここでは，方策と価値関数のパラメータはそれぞれ ω, θ と一般的に別々に記述しているが，実際のアーキテクチャでは両者は画像フレームからの特徴抽出部分を共有している（図 C.5）．パラメータ ω は，勾配の推定量 $\hat{G}_t(\omega)$ を使って更新され，一方パラメータ θ は，推定している価値関数とサンプルされた収益との最小二乗誤差を最小化するように更新される．

■**Asynchronous**　A3C アルゴリズムは，複数スレッドで並列かつ非同期にサンプルの生成とパラメータの更新を行うことで学習の安定化を図っている．各スレッドは，まずスレッド固有のパラメータをマスターとなるグローバルなパラメータと同期し，スレッド固有のパラメータに基づく方策からサンプル系列を生成する．そして，そのスレッドで生成されたサンプル系列から勾配を推定し，その勾配に基づいてグローバルなパラメータの更新を行う．各スレッドは非同期にこれを繰り返して学習を行う．なお，A3Cでは一つのマシンの中でCPUごとに並列化をしてA3Cアルゴリズムの学習を行っているので，パラメータや勾配のマシン間での送受信コストを気にする必要はない．A3Cアルゴリズムの並列での学習の様子は図C.5に示すとおりである．

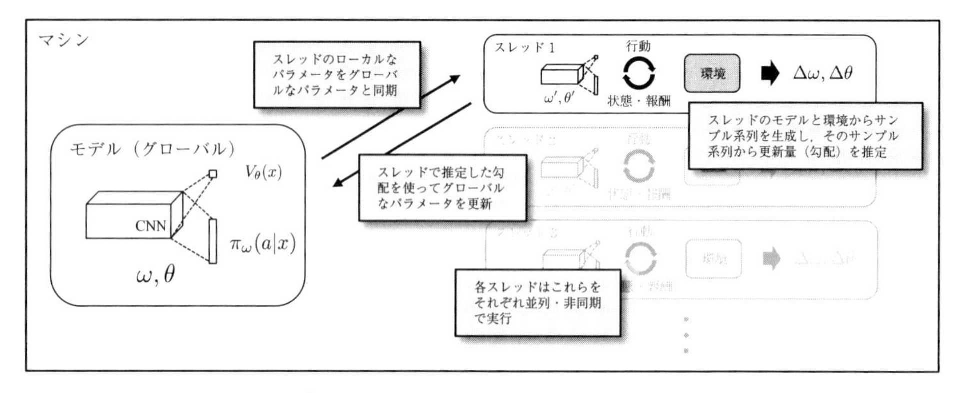

図C.5　A3Cアルゴリズムのネットワークのアーキテクチャと並列・非同期での学習．

A3Cアルゴリズムの学習時間・性能をAtari 2600で評価した結果を図C.6に示す．図C.6では，比較としてDQN（C.2.1節）と，それらを拡張したモデルの学習時間・性能も示している．またA3Cアルゴリズムの結果は，方策の近似にRNNとしてLSTMを用いたものの結果も示している．図C.6の結果から，GPUで学習したDQNやその発展版と比べても，A3Cは16コアのCPUマシン1台で半分程度の時間をかけて学習するだけで，同程度以上の性能を示せていることがわかる．

C.3.2　TRPO (trust region policy optimization)

深層ニューラルネットワークを関数近似器として用いた方策の最適化をする手法の多くは，3.4節で登場した一般化方策反復として捉えられるが，3.4節においても言及されているとおり，ここでの方策改善は慎重を期す必要がある．方策が一度劣化すると，そのあとにその方策に基づいて得られるサンプル系列も劣化してしまい，そこから持ち直すのが難しくなってしまうからである．**TRPO** (trust region policy optimization; Schulman et al., 2015a) は，分布の**信頼領域** (trust region) を超えないように分布を慎重に更新することで，方策改善の安定化を図る手法であり，深層強化学習では連続行動空間のタスクにおいて重用されている．

通常の方策勾配法は目的関数ρ_ωの勾配$\nabla_\omega \rho_\omega$の推定値に沿ってパラメータを更新し方策を改善するが，勾配$\nabla_\omega \rho_\omega$が$\rho_\omega$を最も急峻に変化させる方向であることを踏まえると，次の最適化問題の解をもたらす$\Delta\omega$に沿ってパラメータを更新させることになる．

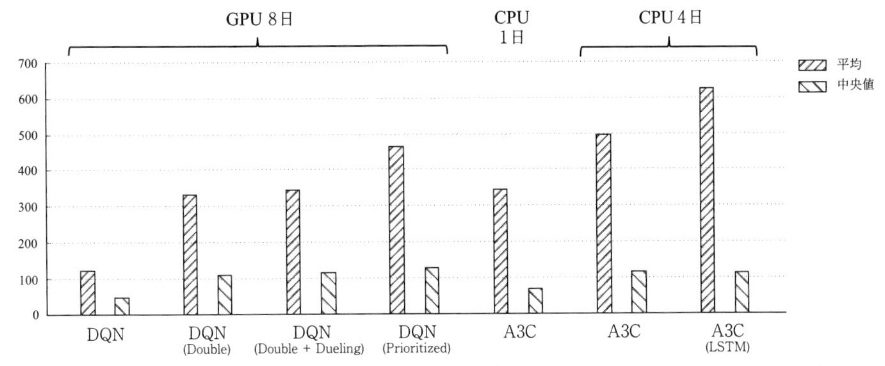

図 C.6　A3C アルゴリズムとその他の DQN ベースの手法の Atari 2600 の 57 ゲームにおけるスコアの平均と中央値．各スコアは人間のスコアを 100 として正規化している．

$$\begin{aligned} \underset{\Delta\omega}{\text{maximize}} \quad & \rho_{\omega+\Delta\omega} - \rho_\omega \approx \nabla_\omega \rho_\omega^\top \Delta\omega \\ \text{subject to} \quad & \Delta\omega^\top \Delta\omega \leq \varepsilon \end{aligned}$$

一方，TRPO は次のように，KL ダイバージェンス[5] を用いて信頼領域を定義し，これを制約条件とした最適化問題の解をもたらす $\Delta\omega$ を使ってパラメータを更新させる．

$$\begin{aligned} \underset{\Delta\omega}{\text{maximize}} \quad & \nabla_\omega \rho_\omega^\top \Delta\omega \\ \text{subject to} \quad & \mathbb{E}\left[D_{\mathrm{KL}}(\pi_\omega \,\|\, \pi_{\omega+\Delta\omega})\right] \leq \varepsilon \end{aligned}$$

ただし，ここで期待値 $\mathbb{E}$ を取る分布は，方策 π_ω によって定まる状態に関する定常分布である．通常の方策勾配法に対応する最適化問題と比べると，TRPO に対応する最適化問題はパラメータ空間でのユークリッド距離ではなく，方策の確率分布としての差異の尺度に制約をかけているので，方策の分布としての大きな変化を抑制することになり，方策の大きな劣化の抑制が期待できる．Schulman et al. (2015a) はさらに，Kakade and Langford (2002) で示されたバウンドを拡張することで，TRPO が単調な改善を保証できる方策反復アルゴリズムの近似とみなせることを示している．

TRPO は 3.4 節でみた自然勾配を用いた actor-critic 法，NAC (natural actor-critic) 法との関係から解釈を試みることもできる．KL ダイバージェンスの 2 次近似が，フィッシャー情報行列 $F_\omega = \mathbb{E}\left[\psi_\omega(X,A)\psi_\omega(X,A)^\top\right]$ を使って表せることを用いると，TRPO における最適化制約は $\frac{1}{2}\Delta\omega F_\omega \Delta\omega^\top \leq \varepsilon$ と近似して書き下せる．これはすなわち，フィッシャー情報行列を距離の計量としてパラメータを微小変化させたときに最も急峻に ρ_ω が変化する方向を求めることに対応し，まさしく自然勾配を求めることに他ならない．

---

[5] KL ダイバージェンス (Kullback-Leibler divergence) とは確率分布の差異の尺度であり，離散的な分布の場合には

$$D_{\mathrm{KL}}(p\|q) := \sum_i p_i \log\left(\frac{p_i}{q_i}\right) \tag{C.9}$$

と定義される．p と q に対して対称とはならない点に留意してほしい．

C.3.3　GAE (generalized advantage estimator)

2.1 節では，TD(0) 法と逐一訪問モンテカルロ法におけるバイアスとバリアンス（分散）のトレードオフを $\lambda \in [0,1]$ で調節することができる TD(λ) 法を紹介したが，本節で紹介する **GAE** (generalized advantage estimator; Schulman et al., 2015b) もまた，アドバンテージ関数の推定において似たようなバイアスとバリアンスのトレードオフを考慮し，方策勾配法に適用することができる．C.3.1 節で説明したように，ベースラインとして $h(X) = V^{\pi_\omega}(X)$ を選択すれば，勾配の推定量を次のようにアドバンテージ関数を用いて $G(\omega) = A^{\pi_\omega}(X, A)\,\psi_\omega(X, A)$ と表せる．アドバンテージ関数は通常は未知なので推定する必要がある．C.3.1 節で紹介した A3C では，このアドバンテージ関数を k-ステップ先読みした収益を用いて次のように推定をした．

$$\hat{A}_t^{(k)}(\omega) = \left(\left(\sum_{i=0}^{k-1} \gamma^i R_{t+i+1}\right) + V_\theta^{\pi_\omega}(X_{t+k}) - V_\theta^{\pi_\omega}(X_t)\right) \tag{C.10}$$

しかし，$V_\theta^{\pi_\omega}$ の価値推定が完璧でない限り，何ステップ先まで先読みするかによってバイアス-バリアンスのトレードオフが存在する．k の値を大きく取り，先々まで先読みすればバイアスは小さくなるが分散は大きくなる．一方，k の値を小さく取るとバイアスは大きくなるが分散は小さくなる．GAE は，このトレードオフを TD(λ) 法と同じやり方でコントロールする．GAE による勾配の推定量は，TD(λ) 法と同じように $\hat{A}_t^{(k)}(\omega)$ を指数的に重み付けした平均として次のように定義される．

$$\hat{A}_t^{\mathrm{GAE}(\gamma,\lambda)}(\omega) := \frac{1}{1-\lambda}\sum_{l=0}^{\infty} \lambda^l \hat{A}_t^{(l+1)}(\omega) = \sum_{l=0}^{\infty} (\gamma\lambda)^l \delta_{t+l}^{\pi_\omega} \tag{C.11}$$

ここで，$\delta_t^{\pi_\omega}$ は TD 誤差 $\delta_t^{\pi_\omega} := R_{t+1} + V_\theta^{\pi_\omega}(X_{t+1}) - V_\theta^{\pi_\omega}(X_t)$ である（右辺の導出は Schulman et al. (2015b) を参照）．この勾配の推定量は，$\lambda = 0, 1$ でそれぞれ

$$\hat{A}_t^{\mathrm{GAE}(\gamma,0)}(\omega) = R_{t+1} + V_\theta^{\pi_\omega}(X_{t+1}) - V_\theta^{\pi_\omega}(X_t) \tag{C.12}$$

$$\hat{A}_t^{\mathrm{GAE}(\gamma,1)}(\omega) = \sum_{i=0}^{\infty} \gamma^i R_{t+i+1} - V_\theta^{\pi_\omega}(X_t) \tag{C.13}$$

となり，TD(0) 法のように一ステップだけ先読みする場合と，逐一訪問モンテカルロ法のように終端状態まで先読みをする場合を再現できる．Schulman et al. (2015b) ではこの GAE を C.3.2 節で紹介した TRPO を使って学習することで，連続行動空間のタスクで高い性能を示すことを確認した．このように，2.1 節で紹介した TD(λ) 法の考え方は比較的新しい研究でも活用されており，現在でも重要で有効であることがわかる．

C.4　深層強化学習の囲碁 AI への応用: AlphaGo

2016 年 1 月，DeepMind 社は，同社が開発した囲碁 AI，**AlphaGo** が 2015 年 10 月に

過去三度ヨーロッパチャンピオンに輝いた Fan Hui 氏を 5 戦全勝で下したことを公表した (Silver et al., 2016). それまでプロ棋士を超える囲碁 AI の開発は，囲碁の状態空間の広さ，盤面評価の難しさからまだ当分先のことだと考えられていたため，このニュースは衝撃的な出来事として世界に受け止められた．2016 年 3 月，DeepMind 社は AlphaGo にさらなる改良を加えたうえで，過去 18 度も世界タイトルを獲得したトッププロ棋士 Lee Sedol 氏と公開対局を行い，AlphaGo はこれに 4 勝 1 敗で勝利した．この勝利は人間を超える囲碁 AI の誕生を決定付けることとなった．このあとも DeepMind 社は AlphaGo の改善を続け，2017 年 5 月，AlphaGo は当時の囲碁世界ランキングトップの Ke Jie 氏とも対戦し 3 戦全勝を収めた．この AlphaGo は深層ニューラルネットワークを用いた盤面評価や着手の予測を行っており，学習には強化学習が用いられている．先述の華々しい戦績から，AlphaGo は深層強化学習応用の代表的な取り組みとして研究者だけでなく広く一般に知られるようになった．DeepMind 社は現在のところ，Fan Hui 氏と対戦したバージョンの AlphaGo についての論文のみ Nature 誌上にて発表しているため (Silver et al., 2016)，本書ではこれに基づいて AlphaGo の解説を行う．しかしながら本書は理論とアルゴリズムに焦点を当てた本であるから，ゲーム AI への工学応用である AlphaGo に関する説明は手法の基本的なアイデアに言及するに留める．AlphaGo に関する日本語でのより詳細な解説については，『これからの強化学習』（森北出版，2016）を参照されたい．

C.4.1　強化学習問題としての囲碁

囲碁の強化学習問題としての定式化はおおまかには次のようになる．まず，状態 $x \in \mathcal{X}$ は囲碁の盤面に，行動 $a \in \mathcal{A}$ の選択はプレイヤーによる次の一手の選択に対応し，それぞれ離散の状態空間と行動空間をもつ．プレイヤーの着手によって次の盤面は決定論的に決まるので状態遷移は決定論的でかつ既知であり，報酬は終端状態（終局）以外では 0 だが，終端状態において勝ち負けに応じて 1 か -1 が与えられる．また状態遷移が既知であるため，（相手にも方策を仮定すれば）シミュレーションによって盤面を先まで読んだうえで次の行動（着手）を選択するプランニングを制限時間内で行うことができる．この先読みは，状態（盤面）をノード，そこから次の行動（着手）をエッジとした木構造の探索として捉えることができるが，この探索を考えられる合法手すべてについて行うのは探索空間の大きさから現実的に不可能である．この先読み探索を効率的に行うために，先行研究ではモンテカルロ木探索法 (Monte Carlo tree search; Coulom, 2006; Kocsis and Szepesvári, 2006) が用いられている (Gelly and Silver, 2007; Coulom, 2007; Enzenberger et al., 2010; Baudiš and Gailly, 2011).

AlphaGoの大きな特徴は特に，次の二つの深層ニューラルネットワークを対局前に事前に学習し，モンテカルロ木探索に活用することである．

1. **価値ネットワーク** (value network): 価値ネットワーク $V_\theta(x)$ は，最適に近い強い方策の価値関数を近似する深層ニューラルネットワークで，盤面 x を入力としてその盤面から勝てそうかどうかのスカラー評価値を出力する．
2. **方策ネットワーク** (policy network): 方策ネットワーク $p_{\sigma/\rho}(a|x)$ は，人間のエキスパートのような強いプレイヤーが盤面 x からその次の着手として何を選択するかを予測する深層ニューラルネットワークで，盤面 x を入力としてそれぞれの着手が取られる確率を多次元ベクトルとして出力する．

木構造の探索において，価値ネットワーク $V_\theta(x)$ が高い性能で盤面評価ができれば，悪手を打った盤面（ノード）からさらに深く探索するのを防ぐことができる．また，方策ネットワークが次の最善手を高い精度で予測できていれば，次に探索を進める行動（エッジ）の幅を絞り込むことができる．以下では，これらの深層ニューラルネットワークの学習法と，それらをどうモンテカルロ木探索に活用するのかの概要を解説する．

C.4.2　深層ニューラルネットワークの学習

ここでは，価値ネットワークと方策ネットワークの学習について説明する．価値ネットワーク，方策ネットワークともに，盤面から抽出した $19 \times 19 \times 48$ 次元の特徴量を状態を入力としてCNNを使って予測を行う．

■方策ネットワークの学習　方策ネットワークは教師有り学習版 $p_\sigma(a|x)$ と強化学習版 $p_\rho(a|x)$ の二つが学習される．これらはモンテカルロ木探索法に直接利用される以外にも，自己対戦による棋譜の生成に用いられる．この自己対戦による棋譜は，次に説明する価値ネットワークの学習に利用される．教師有り学習による方策ネットワーク $p_\sigma(a|x)$ は，人間のエキスパートによる棋譜データからCNNを用いて次の着手を学習する．強化学習による方策ネットワーク $p_\rho(a|x)$ は，まずパラメータ ρ の初期値を教師有り学習によって得られたパラメータで $\rho = \sigma$ と初期化して，そこからさらに自身の過去のバージョンの方策と対戦を繰り返し，3.4.2節でみた方策勾配法により学習を行う．対戦相手の方策のパラメータは，特定の方策に特化するのを防ぐため，それまで学習した過去のパラメータからランダムに選択される．この対戦により，強化学習版の方策ネットワーク $p_\rho(a|x)$ は，教師有り学習版 $p_\sigma(a|x)$ よりも強い方策を学習することが可能になり，実際それぞれの方策に従って着手を選択してこれらを対戦させた場合，80%以上の確率で強化学習版方策ネットワークが勝利したと報告されている．

■価値ネットワークの学習　価値ネットワーク $V_\theta(x)$ は上記の強化学習版の方策ネットワーク同士が新たに生成する自己対戦の棋譜から学習される．これによってより最適に近い，より強い方策に従ったときの盤面を評価する価値関数を近似することができる．自己対戦のデータは，まず3,000万もの自己対戦の対局を行い，それらの各対局からそれぞれたった一つの盤面だけランダムに抽出する．これによって，3,000万の盤面とそれらの回帰のターゲット $z \in \{+1, -1\}$ が対局の勝敗から得られる．価値ネットワークの学習はこれに対し教師有り学習を行う．それぞれの対局から一つの状態（盤面）しか抽出しないのは，同じ対局から盤面を抽出すると似たような盤面と同じ勝敗のサンプルが増えてしまい，汎化せずに特定の対局の結果を“覚えて”しまうからである．この価値ネットワークは，盤面の先読みシミュレーションを一切せずともその盤面だけから勝敗を予測することができ，その精度は上記の教師有り学習版の方策ネットワークで終局までシミュレーションして予測したときの精度に匹敵すると報告されている．

C.4.3　深層ニューラルネットワークを使ったモンテカルロ木探索法による着手の選択

ここではAlphaGoが試合中の次の一手の選択において，上述の事前に学習された二つの深層ニューラルネットワークを，モンテカルロ木探索法とどう組み合わせているのかについて説明をする．一般に木探索では，離散的な状態を表すノードと，ノード間を接続するエッジからなる木構造において，木の始まりとなる根ノードやそこから繋がる子ノードの評価値を，さらにその下のノードの評価値を探索することで推定する．モンテカルロ木探索法は，モンテカルロ法によるシミュレーション結果を評価値として木探索を行う手法であるが，効率的に評価値を定めるために有望なノードを深く探索するよう工夫されている．AlphaGoは自分の次の一手を決定するために，盤面をノード，その盤面からの合法手をエッジとした探索木でモンテカルロ木探索を行い，結果として次の一手のうち最も探索された回数が多かったものを選択する．AlphaGoにおけるここでの探索は，3.2.1節でみたUCB1アルゴリズムと同じように探索と活用のトレードオフを考慮する必要があるので，“不確かなときは楽観的に”の原則に従う．具体的には，ノード x を訪問しているときに次の着手 a が良い着手かどうかを表す行動価値 $Q(x,a)$ と，探索を促す信頼上限 $u(x,a)$ の和 $Q(x,a)+u(x,a)$ が最も大きい行動 a を選択する[6]．AlphaGoではこの探索の効率を上げるために，この行動価値 $Q(x,a)$ の評価にモンテカルロ法による評価値に加えて価値ネットワークによる評価値が使われる．また，信頼上限も $u(x,a) \propto p_\sigma(a|x)$ として教師有り学習版の方策ネットワークの評価を利用することで，初見から探索の幅を狭

[6] なお，このように探索木における子ノードの選択をバンディット問題と捉えてUCB1を用いるUCT (UCB applied to trees; Kocsis and Szepesvári, 2006) はこの本の原著者であるSzepesváriらによって提案された手法であり，AlphaGoもUCTの亜種を用いている．

めることができる[7]．囲碁のように探索空間が広く，すべての状態を評価するのが現実的ではない問題では，このように探索空間を狭めるのは非常に重要であるが，AlphaGoではここで深層強化学習が利用されている．

C.5 おわりに

この訳者補遺では，主に深層強化学習に関わる最近の発展について補足を行った．ただし，紙面の都合上，特に重要なものや，本書の内容と関わりの深いアルゴリズム・手法に限定をして説明を行ったため，決して網羅的であるとは言い難い．特にここで説明できなかった重要なトピックとして，連続行動空間タスクにおける発展 (DDPG; Lillicrap et al., 2016, SVG; Heess et al., 2015, NAF; Gu et al., 2016)，環境のモデルも推定するモデルベースの深層強化学習に関連する研究 (Predictron; Silver et al., 2017)，A3Cのような方策オン型アルゴリズムにも経験再生を用いてサンプル効率を改善する研究 (Retrace(λ); Munos et al., 2016, ACER; Wang et al., 2016a)，そして価値ベースと方策ベースの手法を統合を試みる手法 (PGQ: O'Donoghue et al., 2017, PCL; Nachum et al., 2017) などが挙げられるが，興味のある読者におかれては一読してみると良いだろう．

[7] ここで強化学習版の方策ネットワーク $p_\rho(a|x)$ ではなく教師有り学習版 $p_\sigma(a|x)$ を用いるのは，その方が実験的に高い性能を示したからであるが，これについては多様性が担保されるからではないかとされている．人間は多様な着手を選択する一方，強化学習では単一の最善手を選択するように学習されるためである．

参考文献

A. Prieditis, S. R., editor (1995). *Proceedings of the 12th International Conference on Machine Learning (ICML 1995)*, San Francisco, CA, USA. Morgan Kaufmann.

Abbeel, P., Coates, A., Quigley, M., and Ng, A. Y. (2007). An application of reinforcement learning to aerobatic helicopter flight. In Schölkopf et al. (2007), pages 1–8. (December 4–7, 2006).

Abe, N., Verma, N. K., Apté, C., and Schroko, R. (2004). Cross channel optimized marketing by reinforcement learning. In Kim, W., Kohavi, R., Gehrke, J., and DuMouchel, W., editors, *Proceedings of the Tenth ACM SIGKDD International Conference on Knowledge Discovery and Data Mining*, pages 767–772, New York, NY, USA. ACM.

Albus, J. S. (1971). A theory of cerebellar function. *Mathematical Biosciences*, 10:25–61.

Albus, J. S. (1981). *Brains, Behavior, and Robotics*. BYTE Books, Subsidiary of McGraw-Hill, Peterborough, New Hampshire.

Amari, S. (1998). Natural gradient works efficiently in learning. *Neural Computation*, 10(2):251–276.

Antos, A., Munos, R., and Szepesvári, Cs. (2007). Fitted Q-iteration in continuous action-space MDPs. In Platt et al. (2008), pages 9–16. (December 3–6, 2007).

Antos, A., Szepesvári, C., and Munos, R. (2008). Learning near-optimal policies with Bellman-residual minimization based fitted policy iteration and a single sample path. *Machine Learning*, 71(1):89–129.

Audibert, J.-Y., Munos, R., and Szepesvári, Cs. (2009). Exploration-exploitation tradeoff using variance estimates in multi-armed bandits. *Theoretical Computer Science*, 410(19):1876–1902.

Auer, P., Cesa-Bianchi, N., and Fischer, P. (2002). Finite time analysis of the multiarmed bandit problem. *Machine Learning*, 47(2-3):235–256.

Auer, P., Jaksch, T., and Ortner, R. (2010). Near-optimal regret bounds for reinforcement learning. *Journal of Machine Learning Research*, 11:1563–1600.

Bagnell, J. A. and Schneider, J. G. (2003). Covariant policy search. In Gottlob, G. and Walsh, T., editors, *Proceedings of the Eighteenth International Joint Conference on Artificial Intelligence (IJCAI-03)*, pages 1019–1024, San Francisco, CA, USA. Morgan Kaufmann.

Baird, L. C. (1995). Residual algorithms: Reinforcement learning with function approximation. In A. Prieditis (1995), pages 30–37.

Balakrishna, P., Ganesan, R., Sherry, L., and Levy, B. (2008). Estimating taxi-out times with a reinforcement learning algorithm. In *27th IEEE/AIAA Digital Avionics Systems Conference*, pages 3.D.3–1 – 3.D.3–12.

Bartlett, P. L. and Tewari, A. (2009). REGAL: A regularization based algorithm for reinforcement learning in weakly communicating MDPs. In *Proceedings of the 25th Annual Conference on Uncertainty in Artificial Intelligence (UAI'09)*.

Barto, A. G., Sutton, R. S., and Anderson, C. W. (1983). Neuronlike adaptive elements that can solve difficult learning control problems. *IEEE Transactions on Systems, Man, and Cybernetics*, 13:834–846.

Baudiš, P. and Gailly, J.-l. (2011). Pachi: State of the art open source Go program. In *Advances in Computer Games*, pages 24–38. Springer.

Beleznay, F., Grőbler, T., and Szepesvári, Cs. (1999). Comparing value-function estimation algorithms in undiscounted problems. Technical Report TR-99-02, Mindmaker Ltd., Budapest 1121, Konkoly Th. M. u. 29-33, Hungary.

Berman, P. (1998). On-line searching and navigation. In Fiat, A. and Woeginger, G., editors, *Online Algorithms: The State of the Art*, chapter 10. Springer, Berlin, Heidelberg.

Bertsekas, D. P. (2007a). *Dynamic Programming and Optimal Control*, volume 1. Athena Scientific, Belmont, MA, 3 edition.

Bertsekas, D. P. (2007b). *Dynamic Programming and Optimal Control*, volume 2. Athena Scientific, Belmont, MA, 3 edition.

Bertsekas, D. P. (2010). Approximate dynamic programming (online chapter). In *Dynamic Programming and Optimal Control*, volume 2, chapter 6. Athena Scientific, Belmont, MA, 3 edition.

Bertsekas, D. P., Borkar, V. S., and Nedič, A. (2004). Improved temporal difference methods with linear function approximation. In Si, J., Barto, A. G., Powell, W. B., and Wunsch II, D., editors, *Learning and Approximate Dynamic Programming*, chapter 9, pages 235–257. IEEE Press.

Bertsekas, D. P. and Ioffe, S. (1996). Temporal differences-based policy iteration and applications in neuro-dynamic programming. LIDS-P-2349, MIT.

Bertsekas, D. P. and Shreve, S. (1978). *Stochastic Optimal Control (The Discrete Time Case)*. Academic Press, New York.

Bertsekas, D. P. and Tsitsiklis, J. N. (1996). *Neuro-Dynamic Programming*. Athena Scientific, Belmont, MA.

Bhatnagar, S., Sutton, R. S., Ghavamzadeh, M., and Lee, M. (2009). Natural actor-critic algorithms. *Automatica*. in press.

Borkar, V. S. (1997). Stochastic approximation with two time scales. *Systems & Control Letters*, 29(5):291–294.

Borkar, V. S. (1998). Asynchronous stochastic approximations. *SIAM J. Control and Optimization*, 36(3):840–851.

Borkar, V. S. (2008). *Stochastic Approximation: A Dynamical Systems Viewpoint*. Cambridge University Press, Cambridge, UK.

Borkar, V. S. and Meyn, S. P. (2002). Risk-sensitive optimal control for Markov decision processes with monotone cost. *Mathematics of Operations Research*, 27(1):192–209.

Bottou, L. and Bousquet, O. (2008). The tradeoffs of large scale learning. In Platt et al. (2008), pages 161–168. (December 3–6, 2007).

Boyan, J. A. (2002). Technical update: Least-squares temporal difference learning. *Machine Learning*, 49:233–246.

Boyan, J. A. and Littman, M. L. (1994). Packet routing in dynamically changing networks: A reinforcement learning approach. In Cowan, J., Tesauro, G., and Alspector, J., editors, *Advances in Neural Information Processing Systems 6 (NIPS-6)*, pages 671–678. Morgan Kauffman, San Francisco, CA, USA.

Boyan, J. A. and Moore, A. W. (1995). Generalization in reinforcement learning: Safely approximating the value function. In Tesauro et al. (1995), pages 369–376.

Bradtke, S. J. (1994). *Incremental Dynamic Programming for On-line Adaptive Optimal Control*. PhD thesis, Department of Computer and Information Science, University of Massachusetts, Amherst, Massachusetts.

Bradtke, S. J. and Barto, A. G. (1996). Linear least-squares algorithms for temporal difference learning. *Machine Learning*, 22:33–57.

Brafman, R. I. and Tennenholtz, M. (2002). R-MAX - a general polynomial time algorithm for near-optimal reinforcement learning. *Journal of Machine Learning Research*, 3:213–231.

Busoniu, L., Babuska, R., Schutter, B., and Ernst, D. (2010). *Reinforcement Learning and Dynamic Programming Using Function Approximators*. Automation and Control

Engineering Series. CRC Press, Boca Raton, Florida.

Cao, X. R. (2007). *Stochastic Learning and Optimization: A Sensitivity-Based Approach*. Springer, New York.

Chang, H. S., Fu, M. C., Hu, J., and Marcus, S. I. (2007a). An asymptotically efficient simulation-based algorithm for finite horizon stochastic dynamic programming. *IEEE Transactions on Automatic Control*, 52(1):89–94.

Chang, H. S., Fu, M. C., Hu, J., and Marcus, S. I. (2007b). *Simulation-based Algorithms for Markov Decision Processes*. Springer Verlag, London, UK.

Chow, C. S. and Tsitsiklis, J. N. (1989). The complexity of dynamic programming. *Journal of Complexity*, 5:466–488.

Cohen, W. and Hirsh, H., editors (1994). *Proceedings of the 11th International Conference on Machine Learning (ICML 1994)*, San Francisco, CA, USA. Morgan Kaufmann.

Cohen, W., McCallum, A., and Roweis, S., editors (2008). *Proceedings of the 25th International Conference Machine Learning (ICML 2008)*, volume 307 of *ACM International Conference Proceeding Series*, New York, NY, USA. ACM.

Cohen, W. and Moore, A., editors (2006). *Proceedings of the 23rd International Conference on Machine Learning (ICML 2006)*, volume 148 of *ACM International Conference Proceeding Series*, New York, NY, USA. ACM.

Coulom, R. (2006). Efficient selectivity and backup operators in Monte-Carlo tree search. In *International Conference on Computers and Games (ICCG 2006)*, pages 72–83. Springer.

Coulom, R. (2007). Computing Elo ratings of move patterns in the game of Go. *ICGA Journal*, 30:198–208.

Crites, R. H. and Barto, A. G. (1996). Improving elevator performance using reinforcement learning. In Touretzky, D., Mozer, M., and Hasselmo, M., editors, *Advances in Neural Information Processing Systems 8 (NIPS-8)*, pages 1017–1023, Cambridge, MA, USA. MIT Press.

Şimşek, O. and Barto, A. (2006). An intrinsic reward mechanism for efficient exploration. In Cohen and Moore (2006), pages 833–840.

Cybenko, G. (1989). Approximation by superpositions of a sigmoidal function. *Mathematics of Control, Signals, and Systems (MCSS)*, 2(4):303–314.

Danyluk, A., Bottou, L., and Littman, M., editors (2009). *Proceedings of the 26th Annual International Conference on Machine Learning (ICML 2009)*, volume 382 of *ACM International Conference Proceeding Series*, New York, NY, USA. ACM.

Dasgupta, S. and Freund, Y. (2008). Random projection trees and low dimensional manifolds. In Ladner, R. and Dwork, C., editors, *40th Annual ACM Symposium on Theory of Computing*, pages 537–546. ACM.

de Farias, D. P. and Van Roy, B. (2003). The linear programming approach to approximate dynamic programming. *Operations Research*, 51(6):850–865.

de Farias, D. P. and Van Roy, B. (2004). On constraint sampling in the linear programming approach to approximate dynamic programming. *Mathematics of Operations Research*, 29(3):462–478.

de Farias, D. P. and Van Roy, B. (2006). A cost-shaping linear program for average-cost approximate dynamic programming with performance guarantees. *Mathematics of Operations Research*, 31(3):597–620.

De Raedt, L. and Wrobel, S., editors (2005). *Proceedings of the 22nd International Conference on Machine Learning (ICML 2005)*, volume 119 of *ACM International Conference Proceeding Series*, New York, NY, USA. ACM.

Dearden, R., Friedman, N., and Andre, D. (1999). Model based Bayesian exploration. In Laskey, K. and Prade, H., editors, *Proceedings of the Fifteenth Conference on Uncertainty in Artificial Intelligence (UAI'99)*, pages 150–159. Morgan Kaufmann.

Dearden, R., Friedman, N., and Russell, S. (1998). Bayesian Q-learning. In *Proceedings of the 15th National Conference on Artificial Intelligence (AAAI-98)*, pages 761–768, Menlo Park, CA, USA. AAAI Press.

Dietterich, T. (1998). The MAXQ method for hierarchical reinforcement learning. In Shavlik, J., editor, *Proceedings of the 15th International Conference on Machine Learning (ICML 1998)*, pages 118–126, San Francisco, CA, USA. Morgan Kauffmann.

Dietterich, T., Becker, S., and Ghahramani, Z., editors (2001). *Advances in Neural Information Processing Systems 14 (NIPS-14)*, Cambridge, MA, USA. MIT Press.

Domingo, C. (1999). Faster near-optimal reinforcement learning: Adding adaptiveness to the E^3 algorithm. In Watanabe, O. and Yokomori, T., editors, *Proceedings of the 10th International Conference on Algorithmic Learning Theory*, volume 1720 of *Lecture Notes in Computer Science*, pages 241–251. Springer.

Engel, Y., Mannor, S., and Meir, R. (2005). Reinforcement learning with Gaussian processes. In De Raedt and Wrobel (2005), pages 201–208.

Enzenberger, M., Muller, M., Arneson, B., and Segal, R. (2010). Fuego –an open-source framework for board games and Go engine based on Monte Carlo tree search. *IEEE Transactions on Computational Intelligence and AI in Games*, 2(4):259–270.

Ernst, D., Geurts, P., and Wehenkel, L. (2005). Tree-based batch mode reinforcement learning. *Journal of Machine Learning Research*, 6:503–556.

Even-Dar, E., Kakade, S. M., and Mansour, Y. (2005). Experts in a Markov decision process. In Saul, L. K., Weiss, Y., and Bottou, L., editors, *Advances in Neural Information Processing Systems 17 (NIPS-17)*, pages 401–408, Cambridge, MA, USA. MIT Press.

Even-Dar, E., Mannor, S., and Mansour, Y. (2002). PAC bounds for multi-armed bandit and Markov decision processes. In Kivinen, J. and Sloan, R., editors, *Proceedings of the 15th Annual Conference on Computational Learning Theory (COLT 2002)*, volume 2375 of *Lecture Notes in Computer Science*, pages 255–270. Springer.

Even-Dar, E. and Mansour, Y. (2003). Learning rates for Q-learning. *Journal of Machine Learning Research*, 5:1–25.

Farahmand, A., Ghavamzadeh, M., Szepesvári, Cs., and Mannor, S. (2008). Regularized fitted Q-iteration: Application to planning. In Girgin, S., Loth, M., Munos, R., Preux, P., and Ryabko, D., editors, *Revised and Selected Papers of the 8th European Workshop on Recent Advances in Reinforcement Learning (EWRL 2008)*, volume 5323 of *Lecture Notes in Computer Science*, pages 55–68. Springer.

Farahmand, A., Ghavamzadeh, M., Szepesvári, Cs., and Mannor, S. (2009). Regularized policy iteration. In Koller et al. (2009), pages 441–448. (December 8–10, 2008).

Frank, J., Mannor, S., and Precup, D. (2008). Reinforcement learning in the presence of rare events. In Cohen et al. (2008), pages 336–343.

Fukushima, K. and Miyake, S. (1982). Neocognitron: A self-organizing neural network model for a mechanism of visual pattern recognition. In *Competition and Cooperation in Neural Nets*, pages 267–285. Springer.

Fürnkranz, J. and Joachims, T., editors (2010). *Proceedings of the 27th International Conference on Machine Learning (ICML 2010)*. Omnipress.

Fürnkranz, J., Scheffer, T., and Spiliopoulou, M., editors (2006). *Proceedings of the 17th European Conference on Machine Learning (ECML-2006)*, Berlin, Heidelberg. Springer.

Gelly, S. and Silver, D. (2007). Combining online and offline knowledge in uct. In *Proceedings of the 24th International Conference on Machine Learning (ICML 2007)*, pages 273–280.

George, A. P. and Powell, W. B. (2006). Adaptive stepsizes for recursive estimation with applications in approximate dynamic programming. *Machine Learning*, 65:167–198.

Geramifard, A., Bowling, M. H., Zinkevich, M., and Sutton, R. S. (2007). iLSTD: Eligibility traces and convergence analysis. In Schölkopf et al. (2007), pages 441–448. (December 4–7, 2006).

Ghahramani, Z., editor (2007). *Proceedings of the 24th International Conference on Machine Learning (ICML 2007)*, volume 227 of *ACM International Conference Proceeding Series*,

New York, NY, USA. ACM.

Ghavamzadeh, M. and Engel, Y. (2007). Bayesian actor-critic algorithms. In Ghahramani (2007), pages 297–304.

Gittins, J. C. (1989). *Multi-armed Bandit Allocation Indices*. Wiley-Interscience series in systems and optimization. Wiley, Chichester, NY.

Glynn, P. W. (1990). Likelihood ratio gradient estimation for stochastic systems. *Communications of the ACM*, 33(10):75–84.

Goodfellow, I., Bengio, Y., and Courville, A. (2016). *Deep Learning*. MIT Press. `http://www.deeplearningbook.org`.

Gordon, G. J. (1995). Stable function approximation in dynamic programming. In A. Prieditis (1995), pages 261–268.

Gosavi, A. (2003). *Simulation-based optimization: parametric optimization techniques and reinforcement learning*. Springer Netherlands.

Gosavi, A. (2004). Reinforcement learning for long-run average cost. *European Journal of Operational Research*, 155(3):654–674.

Gu, S., Lillicrap, T., Sutskever, I., and Levine, S. (2016). Continuous deep Q-learning with model-based acceleration. In *Proceedings of the 33rd International Conference on Machine Learning (ICML 2016)*, pages 2829–2838.

Györfi, L., Kohler, M., Krzyżak, A., and Walk, H. (2002). *A distribution-free theory of nonparametric regression*. Springer-Verlag, New York.

Härdle, W. (1990). *Applied nonparametric regression*. Cambridge University Press. Cambridge.

Heess, N., Wayne, G., Silver, D., Lillicrap, T., Erez, T., and Tassa, Y. (2015). Learning continuous control policies by stochastic value gradients. In *Advances in Neural Information Processing Systems 28 (NIPS-28)*, pages 2944–2952.

Heger, M. (1994). Consideration of risk in reinforcement learning. In Cohen and Hirsh (1994), pages 105–111.

Hornik, K., Stinchcombe, M., and White, H. (1989). Multilayer feedforward networks are universal approximators. *Neural networks*, 2(5):359–366.

Howard, R. A. (1960). *Dynamic Programming and Markov Processes*. The MIT Press, Cambridge, MA.

Hutter, M. (2004). *Universal Artificial Intelligence: Sequential Decisions based on Algorithmic Probability*. Springer, Berlin. 300 pages, `http://www.idsia.ch/~marcus/ai/uaibook.htm`.

Jaakkola, T., Jordan, M., and Singh, S. (1994). On the convergence of stochastic iterative dynamic programming algorithms. *Neural Computation*, 6(6):1185–1201.

Jong, N. K. and Stone, P. (2007). Model-based exploration in continuous state spaces. In Miguel, I. and Ruml, W., editors, *7th International Symposium on Abstraction, Reformulation, and Approximation (SARA 2007)*, volume 4612 of *Lecture Notes in Computer Science*, pages 258–272, Whistler, Canada. Springer.

Kaelbling, L., Littman, M., and Moore, A. (1996). Reinforcement learning: A survey. *Journal of Artificial Intelligence Research*, 4:237–285.

Kakade, S. (2001). A natural policy gradient. In Dietterich et al. (2001), pages 1531–1538.

Kakade, S. (2003). *On the sample complexity of reinforcement learning*. PhD thesis, Gatsby Computational Neuroscience Unit, University College London.

Kakade, S., Kearns, M. J., and Langford, J. (2003). Exploration in metric state spaces. In *ICML2003*, pages 306–312.

Kakade, S. and Langford, J. (2002). Approximately optimal approximate reinforcement learning. In Sammut, C. and Hoffmann, A., editors, *Proceedings of the 19th International Conference on Machine Learning (ICML 2002)*, pages 267–274, San Francisco, CA, USA. Morgan Kaufmann.

Kearns, M. and Singh, S. (2002). Near-optimal reinforcement learning in polynomial time. *Machine Learning*, 49(2–3):209–232.

Kearns, M. J., Mansour, Y., and Ng, A. Y. (1999). Approximate planning in large POMDPs via reusable trajectories. In Solla et al. (1999), pages 1001–1007.

Keller, P. W., Mannor, S., and Precup, D. (2006). Automatic basis function construction for approximate dynamic programming and reinforcement learning. In Cohen and Moore (2006), pages 449–456.

Kocsis, L. and Szepesvári, C. (2006). Bandit based Monte-Carlo planning. In *17th European Conference on Machine Learning (ECML 2006)*, volume 6, pages 282–293. Springer.

Kocsis, L. and Szepesvári, Cs. (2006). Bandit based Monte-Carlo planning. In Fürnkranz et al. (2006), pages 282–293.

Kohl, N. and Stone, P. (2004). Policy gradient reinforcement learning for fast quadrupedal locomotion. In *Proceedings of the 2004 IEEE International Conference on Robotics and Automation*, pages 2619–2624. IEEE.

Koller, D., Schuurmans, D., Bengio, Y., and Bottou, L., editors (2009). *Advances in Neural Information Processing Systems 21 (NIPS-21)*. Curran Associates. (December 8–10, 2008).

Kolter, J. Z. and Ng, A. Y. (2009). Regularization and feature selection in least-squares temporal difference learning. In Danyluk et al. (2009), pages 521–528.

Konda, V. R. and Tsitsiklis, J. N. (1999). Actor-critic algorithms. In Solla et al. (1999), pages 1008–1014.

Konda, V. R. and Tsitsiklis, J. N. (2003). On actor-critic algorithms. *SIAM J. Control and Optimization*, 42(4):1143–1166.

Kosorok, M. R. (2008). *Introduction to Empirical Processes and Semiparametric Inference*. Springer, New York, NY.

Lagoudakis, M. and Parr, R. (2003). Least-squares policy iteration. *Journal of Machine Learning Research*, 4:1107–1149.

Lai, T. L. and Robbins, H. (1985). Asymptotically efficient adaptive allocation rules. *Advances in Applied Mathematics*, 6:4–22.

LeCun, Y., Bottou, L., Bengio, Y., and Haffner, P. (1998). Gradient-based learning applied to document recognition. *Proceedings of the IEEE*, 86(11):2278–2324.

Lemieux, C. (2009). *Monte Carlo and Quasi-Monte Carlo Sampling*. Springer.

Li, Y., Szepesvári, C., and Schuurmans, D. (2009). Learning exercise policies for american options. In *Proc. of the Twelfth International Conference on Artificial Intelligence and Statistics, JMLR: W&CP*, volume 5, pages 352–359.

Lillicrap, T. P., Hunt, J. J., Pritzel, A., Heess, N., Erez, T., Tassa, Y., Silver, D., and Wierstra, D. (2016). Continuous control with deep reinforcement learning. In *International Conference on Learning Representations (ICLR 2016)*.

Lin, L.-J. (1992). Self-improving reactive agents based on reinforcement learning, planning and teaching. *Machine Learning*, 9:293–321.

Littman, M. L. (1994). Markov games as a framework for multi-agent reinforcement learning. In Cohen and Hirsh (1994), pages 157–163.

Littman, M. L., Sutton, R. S., and Singh, S. P. (2001). Predictive representations of state. In Dietterich et al. (2001), pages 1555–1561.

Maei, H., Szepesvári, C., Bhatnagar, S., Silver, D., Precup, D., and Sutton, R. (2010a). Convergent temporal-difference learning with arbitrary smooth function approximation. In Bengio, Y., Schuurmans, D., Lafferty, J., Williams, C., and Culotta, A., editors, *Advances in Neural Information Processing Systems 22 (NIPS-22)*, pages 1204–1212. Curran Associates. (December 7–10, 2009).

Maei, H., Szepesvári, Cs., Bhatnagar, S., and Sutton, R. (2010b). Toward off-policy learning control with function approximation. In Fürnkranz and Joachims (2010), pages 719–726.

Maei, H. R. and Sutton, R. S. (2010). GQ(λ): A general gradient algorithm for temporal-difference prediction learning with eligibility traces. In Baum, E., Hutter, M., and Kitzelmann, E., editors, *Proceedings of the Third Conference on Artificial General Intelligence*, pages 91–96, Paris, France. Atlantis Press.

Mahadevan, S. (2009). Learning representation and control in Markov decision processes: New frontiers. *Foundations and Trends in Machine Learning*, 1(4):403–565.

McAllester, D. and Myllymäki, P., editors (2008). *Proceedings of the 24th Conference in Uncertainty in Artificial Intelligence (UAI'08)*, Corvallis, OR, USA. AUAI Press.

Melo, F. S., Meyn, S. P., and Ribeiro, M. I. (2008). An analysis of reinforcement learning with function approximation. In Cohen et al. (2008), pages 664–671.

Menache, I., Mannor, S., and Shimkin, N. (2005). Basis function adaptation in temporal difference reinforcement learning. *Annals of Operations Research*, 134(1):215–238.

Mnih, V., Badia, A. P., Mirza, M., Graves, A., Lillicrap, T., Harley, T., Silver, D., and Kavukcuoglu, K. (2016). Asynchronous methods for deep reinforcement learning. In *Proceedings of the 33rd International Conference on Machine Learning (ICML 2016)*, pages 1928–1937.

Mnih, V., Kavukcuoglu, K., Silver, D., Graves, A., Antonoglou, I., Wierstra, D., and Riedmiller, M. (2013). Playing atari with deep reinforcement learning. *arXiv preprint arXiv:1312.5602*.

Mnih, V., Kavukcuoglu, K., Silver, D., Rusu, A. A., Veness, J., Bellemare, M. G., Graves, A., Riedmiller, M., Fidjeland, A. K., Ostrovski, G., et al. (2015). Human-level control through deep reinforcement learning. *Nature*, 518(7540):529–533.

Mnih, V., Szepesvári, Cs., and Audibert, J.-Y. (2008). Empirical Bernstein stopping. In Cohen et al. (2008), pages 672–679.

Munos, R., Stepleton, T., Harutyunyan, A., and Bellemare, M. (2016). Safe and efficient off-policy reinforcement learning. In *Advances in Neural Information Processing Systems 29 (NIPS-29)*, pages 1054–1062.

Munos, R. and Szepesvári, Cs. (2008). Finite-time bounds for fitted value iteration. *Journal of Machine Learning Research*, 9:815–857.

Nachum, O., Norouzi, M., Xu, K., and Schuurmans, D. (2017). Bridging the gap between value and policy based reinforcement learning. *arXiv preprint arXiv:1702.08892*.

Nascimento, J. and Powell, W. (2009). An optimal approximate dynamic programming algorithm for the lagged asset acquisition problem. *Mathematics of Operations Research*, 34:210–237.

Nedič, A. and Bertsekas, D. P. (2003). Least squares policy evaluation algorithms with linear function approximation. *Discrete Event Dynamic Systems*, 13(1):79–110.

Neu, G., György, A., and Szepesvári, Cs. (2010). The online loop-free stochastic shortest-path problem. In Kalai, A. and Mohri, M., editors, *Proceedings of the 23rd Annual Conference on Learning Theory (COLT 2010)*, pages 231–243.

Ng, A. Y. and Jordan, M. (2000). PEGASUS: A policy search method for large MDPs and POMDPs. In Boutilier, C. and Goldszmidt, M., editors, *Proceedings of the 16th Conference in Uncertainty in Artificial Intelligence (UAI'00)*, pages 406–415, San Francisco CA. Morgan Kaufmann.

Nouri, A. and Littman, M. (2009). Multi-resolution exploration in continuous spaces. In Koller et al. (2009), pages 1209–1216. (December 8–10, 2008).

O'Donoghue, B., Munos, R., Kavukcuoglu, K., and Mnih, V. (2017). Combining policy gradient and Q-learning.

Ormoneit, D. and Sen, S. (2002). Kernel-based reinforcement learning. *Machine Learning*, 49:161–178.

Ortner, R. (2008). Online regret bounds for Markov decision processes with deterministic transitions. In Freund, Y., Györfi, L., Turán, G., and Zeugmann, T., editors, *Proceedings of the 19th International Conference on Algorithmic Learning Theory (ALT 2008)*, volume 5254 of *Lecture Notes in Computer Science*, pages 123–137. Springer.

Parr, R., Li, L., Taylor, G., Painter-Wakefield, C., and Littman, M. L. (2008). An analysis of linear models, linear value-function approximation, and feature selection for reinforcement learning. In Cohen et al. (2008), pages 752–759.

Parr, R., Painter-Wakefield, C., Li, L., and Littman, M. L. (2007). Analyzing feature generation for value-function approximation. In Ghahramani (2007), pages 737–744.

Perkins, T. and Precup, D. (2003). A convergent form of approximate policy iteration. In Becker, S., Thrun, S., and Obermayer, K., editors, *Advances in Neural Information Processing Systems 15 (NIPS-15)*, pages 1595–1602, Cambridge, MA, USA. MIT Press.

Peters, J. and Schaal, S. (2008). Natural actor-critic. *Neurocomputing*, 71(7–9):1180–1190.

Peters, J., Vijayakumar, S., and Schaal, S. (2003). Reinforcement learning for humanoid robotics. In *Humanoids2003, Third IEEE-RAS International Conference on Humanoid Robots*, pages 225–230, Karlsruhe, Germany.

Platt, J. C., Koller, D., Singer, Y., and Roweis, S. T., editors (2008). *Advances in Neural Information Processing Systems 20 (NIPS-20)*. Curran Associates. (December 3–6, 2007).

Polyak, B. and Juditsky, A. (1992). Acceleration of stochastic approximation by averaging. *SIAM Journal on Control and Optimization*, 30:838–855.

Poupart, P., Vlassis, N., Hoey, J., and Regan, K. (2006). An analytic solution to discrete Bayesian reinforcement learning. In Cohen and Moore (2006), pages 697–704.

Powell, W. B. (2007). *Approximate Dynamic Programming: Solving the curses of dimensionality*. John Wiley and Sons, New York.

Proper, S. and Tadepalli, P. (2006). Scaling model-based average-reward reinforcement learning for product delivery. In Fürnkranz et al. (2006), pages 735–742.

Puterman, M. (1994). *Markov Decision Processes — Discrete Stochastic Dynamic Programming*. John Wiley & Sons, Inc., New York, NY.

Rasmussen, C. and Williams, C. (2005). *Gaussian Processes for Machine Learning (Adaptive Computation and Machine Learning)*. The MIT Press.

Rasmussen, C. E. and Kuss, M. (2004). Gaussian processes in reinforcement learning. In Thrun, S., Saul, L., and Schölkopf, B., editors, *Advances in Neural Information Processing Systems 16 (NIPS-16)*, pages 751–759, Cambridge, MA, USA. MIT Press.

Riedmiller, M. (2005). Neural fitted Q iteration – first experiences with a data efficient neural reinforcement learning method. In Gama, J., Camacho, R., Brazdil, P., Jorge, A., and Torgo, L., editors, *Proceedings of the 16th European Conference on Machine Learning (ECML-2005)*, volume 3720 of *Lecture Notes in Computer Science*, pages 317–328, Berlin, Heidelberg. Springer.

Robbins, H. (1952). Some aspects of the sequential design of experiments. *Bulletin of the American Mathematics Society*, 58:527–535.

Ross, S. and Pineau, J. (2008). Model-based Bayesian reinforcement learning in large structured domains. In McAllester and Myllymäki (2008), pages 476–483.

Ross, S., Pineau, J., Paquet, S., and Chaib-draa, B. (2008). Online planning algorithms for POMDPs. *Journal of Artificial Intelligence Research*, 32:663–704.

Rumelhart, D. E., Hinton, G. E., and Williams, R. J. (1986). Learning representations by back-propagating errors. *Nature*, 323:533–536.

Rummery, G. A. (1995). *Problem solving with reinforcement learning*. PhD thesis, Cambridge University.

Rummery, G. A. and Niranjan, M. (1994). On-line Q-learning using connectionist systems. Technical Report CUED/F-INFENG/TR 166, Cambridge University Engineering Department.

Rusmevichientong, P., Salisbury, J. A., Truss, L. T., Van Roy, B., and Glynn, P. W. (2006). Opportunities and challenges in using online preference data for vehicle pricing: A case study at General Motors. *Journal of Revenue and Pricing Management*, 5(1):45–61.

Rust, J. (1996). Using randomization to break the curse of dimensionality. *Econometrica*,

65:487–516.

Schaul, T., Quan, J., Antonoglou, I., and Silver, D. (2015). Prioritized experience replay. In *International Conference on Learning Representations (ICLR 2016)*.

Scherrer, B. (2010). Should one compute the temporal difference fix point or minimize the Bellman residual? The unified oblique projection view. In Fürnkranz and Joachims (2010), pages 959–966.

Schölkopf, B., Platt, J., and Hoffman, T., editors (2007). *Advances in Neural Information Processing Systems 19 (NIPS-19)*, Cambridge, MA, USA. MIT Press. (December 4–7, 2006).

Schraudolph, N. (1999). Local gain adaptation in stochastic gradient descent. In *Ninth International Conference on Artificial Neural Networks (ICANN 99)*, volume 2, pages 569–574.

Schulman, J., Levine, S., Abbeel, P., Jordan, M., and Moritz, P. (2015a). Trust region policy optimization. In *Proceedings of the 32nd International Conference on Machine Learning (ICML 15)*, pages 1889–1897.

Schulman, J., Moritz, P., Levine, S., Jordan, M., and Abbeel, P. (2015b). High-dimensional continuous control using generalized advantage estimation. In *International Conference on Learning Representations (ICLR 2016)*.

Settles, B. (2009). Active learning literature survey. Computer Sciences Technical Report 1648, University of Wisconsin–Madison.

Shapiro, A. (2003). Monte Carlo sampling methods. In *Stochastic Programming, Handbooks in OR & MS*, volume 10. North-Holland Publishing Company, Amsterdam.

Silver, D., Huang, A., Maddison, C. J., Guez, A., Sifre, L., Van Den Driessche, G., Schrittwieser, J., Antonoglou, I., Panneershelvam, V., Lanctot, M., et al. (2016). Mastering the game of go with deep neural networks and tree search. *Nature*, 529(7587):484–489.

Silver, D., Sutton, R. S., and Müller, M. (2007). Reinforcement learning of local shape in the game of Go. In Veloso, M., editor, *Proceedings of the 20th International Joint Conference on Artificial Intelligence (IJCAI 2007)*, pages 1053–1058, San Francisco, CA, USA. Morgan Kaufmann.

Silver, D., van Hasselt, H., Hessel, M., Schaul, T., Guez, A., Harley, T., Dulac-Arnold, G., Reichert, D., Rabinowitz, N., Barreto, A., et al. (2017). The predictron: End-to-end learning and planning. In *Proceedings of the 34th International Conference on Machine Learning (ICML 2017)*.

Simão, H. P., Day, J., George, A. P., Gifford, T., Nienow, J., and Powell, W. B. (2009). An approximate dynamic programming algorithm for large-scale fleet management: A case application. *Transportation Science*, 43(2):178–197.

Singh, S. P. and Bertsekas, D. P. (1997). Reinforcement learning for dynamic channel allocation in cellular telephone systems. In Mozer, M., Jordan, M., and Petsche, T., editors, *Advances in Neural Information Processing Systems 9 (NIPS-9)*, pages 974–980, Cambridge, MA, USA. MIT Press.

Singh, S. P., Jaakkola, T., and Jordan, M. I. (1995). Reinforcement learning with soft state aggregation. In Tesauro et al. (1995), pages 361–368.

Singh, S. P., Jaakkola, T., Littman, M. L., and Szepesvári, Cs. (2000). Convergence results for single-step on-policy reinforcement-learning algorithms. *Machine Learning*, 38(3):287–308.

Singh, S. P. and Sutton, R. S. (1996). Reinforcement learning with replacing eligibility traces. *Machine Learning*, 32:123–158.

Singh, S. P. and Yee, R. C. (1994). An upper bound on the loss from approximate optimal-value functions. *Machine Learning*, 16(3):227–233.

Solla, S., Leen, T., and Müller, K., editors (1999). *Advances in Neural Information Processing Systems 12 (NIPS-12)*, Cambridge, MA, USA. MIT Press.

Song, Z., Parr, R. E., Liao, X., and Carin, L. (2016). Linear feature encoding for reinforcement learning. In *Advances in Neural Information Processing Systems 29 (NIPS-29)*, pages 4224–4232.

Strehl, A. L., Li, L., Wiewiora, E., Langford, J., and Littman, M. L. (2006). PAC model-free reinforcement learning. In Cohen and Moore (2006), pages 881–888.

Strehl, A. L. and Littman, M. L. (2005). A theoretical analysis of model-based interval estimation. In De Raedt and Wrobel (2005), pages 857–864.

Strehl, A. L. and Littman, M. L. (2008). Online linear regression and its application to model-based reinforcement learning. In *NIPS20*, pages 1417–1424.

Strens, M. (2000). A Bayesian framework for reinforcement learning. In Langley, P., editor, *Proceedings of the 17th International Conference on Machine Learning (ICML 2000)*, pages 943–950, San Francisco, CA. Morgan Kaufmann.

Sutton, R. S. (1984). *Temporal Credit Assignment in Reinforcement Learning*. PhD thesis, University of Massachusetts, Amherst, MA.

Sutton, R. S. (1988). Learning to predict by the method of temporal differences. *Machine Learning*, 3(1):9–44.

Sutton, R. S. (1992). Gain adaptation beats least squares. In *Proceedings of the 7th Yale Workshop on Adaptive and Learning Systems*, pages 161–166.

Sutton, R. S. and Barto, A. G. (1998). *Reinforcement Learning: An Introduction*. Bradford Book. MIT Press, Cambridge, Massachusetts.

Sutton, R. S., Maei, H. R., Precup, D., Bhatnagar, S., Silver, D., Szepesvári, Cs., and Wiewiora, E. (2009a). Fast gradient-descent methods for temporal-difference learning with linear function approximation. In Danyluk et al. (2009), pages 993–1000.

Sutton, R. S., McAllester, D. A., Singh, S. P., and Mansour, Y. (1999a). Policy gradient methods for reinforcement learning with function approximation. In Solla et al. (1999), pages 1057–1063.

Sutton, R. S., Precup, D., and Singh, S. P. (1999b). Between MDPs and semi-MDPs: A framework for temporal abstraction in reinforcement learning. *Artificial Intelligence*, 112:181–211.

Sutton, R. S., Szepesvári, Cs., Geramifard, A., and Bowling, M. H. (2008). Dyna-style planning with linear function approximation and prioritized sweeping. In McAllester and Myllymäki (2008), pages 528–536.

Sutton, R. S., Szepesvári, Cs., and Maei, H. R. (2009b). A convergent $O(n)$ temporal-difference algorithm for off-policy learning with linear function approximation. In Koller et al. (2009), pages 1609–1616. (December 8–10, 2008).

Szepesvári, Cs. (1997). The asymptotic convergence-rate of Q-learning. In Jordan, M., Kearns, M., and Solla, S., editors, *Advances in Neural Information Processing Systems 10 (NIPS-10)*, pages 1064–1070, Cambridge, MA, USA. MIT Press.

Szepesvári, Cs. (1997). Learning and exploitation do not conflict under minimax optimality. In Someren, M. and Widmer, G., editors, *Machine Learning: ECML'97 (9th European Conf. on Machine Learning, Proceedings)*, volume 1224 of *Lecture Notes in Artificial Intelligence*, pages 242–249. Springer, Berlin.

Szepesvári, Cs. (1998). *Static and Dynamic Aspects of Optimal Sequential Decision Making*. PhD thesis, Bolyai Institute of Mathematics, University of Szeged, Szeged, Aradi vrt. tere 1, HUNGARY, 6720.

Szepesvári, Cs. (2001). Efficient approximate planning in continuous space Markovian decision problems. *AI Communications*, 13:163–176.

Szepesvári, Cs. and Littman, M. L. (1999). A unified analysis of value-function-based reinforcement-learning algorithms. *Neural Computation*, 11:2017–2059.

Szepesvári, Cs. and Smart, W. D. (2004). Interpolation-based Q-learning. In Brodley, C. E., editor, *Proceedings of the 21st International Conference on Machine Learning (ICML 2004)*, pages 791–798, New York, NY, USA. ACM Press.

Szita, I. and Lőrincz, A. (2008). The many faces of optimism: a unifying approach. In

Cohen et al. (2008), pages 1048–1055.

Szita, I. and Szepesvári, Cs. (2010). Model-based reinforcement learning with nearly tight exploration complexity bounds. In Fürnkranz and Joachims (2010), pages 1031–1038.

Tadić, V. B. (2004). On the almost sure rate of convergence of linear stochastic approximation algorithms. *IEEE Transactions on Information Theory*, 5(2):401–409.

Tanner, B. and White, A. (2009). RL-Glue: Language-independent software for reinforcement-learning experiments. *Journal of Machine Learning Research*, 10:2133–2136.

Taylor, G. and Parr, R. (2009). Kernelized value function approximation for reinforcement learning. In Danyluk et al. (2009), pages 1017–1024.

Tesauro, G. (1994). TD-Gammon, a self-teaching backgammon program, achieves master-level play. *Neural Computation*, 6(2):215–219.

Tesauro, G., Touretzky, D., and Leen, T., editors (1995). *Advances in Neural Information Processing Systems 7 (NIPS-7)*, Cambridge, MA, USA. MIT Press.

Thrun, S. B. (1992). Efficient exploration in reinforcement learning. Technical Report CMU-CS-92-102, Carnegie Mellon University, Pittsburgh, PA.

Toussaint, M., Charlin, L., and Poupart, P. (2008). Hierarchical POMDP controller optimization by likelihood maximization. In McAllester and Myllymäki (2008), pages 562–570.

Tsitsiklis, J. N. (1994). Asynchronous stochastic approximation and Q-learning. *Machine Learning*, 16(3):185–202.

Tsitsiklis, J. N. and Mannor, S. (2004). The sample complexity of exploration in the multi-armed bandit problem. *Journal of Machine Learning Research*, 5:623–648.

Tsitsiklis, J. N. and Van Roy, B. (1996). Feature-based methods for large scale dynamic programming. *Machine Learning*, 22:59–94.

Tsitsiklis, J. N. and Van Roy, B. (1997). An analysis of temporal difference learning with function approximation. *IEEE Transactions on Automatic Control*, 42:674–690.

Tsitsiklis, J. N. and Van Roy, B. (1999a). Average cost temporal-difference learning. *Automatica*, 35(11):1799–1808.

Tsitsiklis, J. N. and Van Roy, B. (1999b). Optimal stopping of Markov processes: Hilbert space theory, approximation algorithms, and an application to pricing financial derivatives. *IEEE Transactions on Automatic Control*, 44:1840–1851.

Tsitsiklis, J. N. and Van Roy, B. (2001). Regression methods for pricing complex American-style options. *IEEE Transactions on Neural Networks*, 12:694–703.

Tsybakov, A. (2009). *Introduction to nonparametric estimation*. Springer Verlag.

Van Hasselt, H., Guez, A., and Silver, D. (2016). Deep reinforcement learning with double Q-learning. In *Proceedings of the 30th AAAI Conference on Artificial Intelligence (AAAI-16)*, pages 2094–2100.

Van Roy, B. (2006). Performance loss bounds for approximate value iteration with state aggregation. *Mathematics of Operations Research*, 31(2):234–244.

Wahba, G. (2003). Reproducing kernel Hilbert spaces – two brief reviews. In *Proceedings of the 13th IFAC Symposium on System Identification*, pages 549–559.

Wang, T., Lizotte, D. J., Bowling, M. H., and Schuurmans, D. (2008). Stable dual dynamic programming. In Platt et al. (2008), page 1735. (December 3–6, 2007).

Wang, Z., Bapst, V., Heess, N., Mnih, V., Munos, R., Kavukcuoglu, K., and de Freitas, N. (2016a). Sample efficient actor-critic with experience replay. In *International Conference on Learning Representations (ICLR 2017)*.

Wang, Z., Schaul, T., Hessel, M., Van Hasselt, H., Lanctot, M., and De Freitas, N. (2016b). Dueling network architectures for deep reinforcement learning. In *Proceedings of the 33rd International Conference on Machine Learning (ICML 2016)*.

Watkins, C. J. C. H. (1989). *Learning from Delayed Rewards*. PhD thesis, King's College, Cambridge, UK.

Watkins, C. J. C. H. and Dayan, P. (1992). Q-learning. *Machine Learning*, 3(8):279–292.

Widrow, B. and Stearns, S. (1985). *Adaptive Signal Processing*. Prentice Hall, Englewood Cliffs, NJ.

Williams, R. J. (1987). A class of gradient-estimating algorithms for reinforcement learning in neural networks. In *Proceedings of the IEEE First International Conference on Neural Networks*, San Diego, CA.

Xu, X., He, H., and Hu, D. (2002). Efficient reinforcement learning using recursive least-squares methods. *Journal of Artificial Intelligence Research*, 16:259–292.

Xu, X., Hu, D., and Lu, X. (2007). Kernel-based least squares policy iteration for reinforcement learning. *IEEE Transactions on Neural Networks*, 18:973–992.

Yu, H. and Bertsekas, D. (2007). Q-learning algorithms for optimal stopping based on least squares. In *Proceedings of the European Control Conference*.

Yu, J. and Bertsekas, D. P. (2008). New error bounds for approximations from projected linear equations. Technical Report C-2008-43, Department of Computer Science, University of Helsinki. revised July, 2009.

Yu, J., Mannor, S., and Shimkin, N. (2009). Markov decision processes with arbitrary reward processes. *Mathematics of Operations Research*, 34(3):737–757.

Zhang, W. and Dietterich, T. G. (1995). A reinforcement learning approach to job-shop scheduling. In Perrault, C. and Mellish, C., editors, *Proceedings of the Fourteenth International Joint Conference on Artificial Intelligence (IJCAI 95)*, pages 1114–1120, San Francisco, CA, USA. Morgan Kaufmann.

索　引

■ Q

■ R

■ S

■ T

■ U

■あ行

■か行

■さ行

■た行

Memorandum

Memorandum

Memorandum

〈訳者〉（五十音順）
池田春之介　慶応義塾大学大学院
大渡勝己　東京大学大学院
芝慎太朗　東京大学大学院
関根嵩之　株式会社リクルートホールディングス
高山晃一　株式会社リクルートホールディングス
田中一樹　株式会社ディー・エヌ・エー
西村直樹　株式会社リクルートホールディングス
藤田康博　株式会社 Preferred Networks
望月駿一　株式会社リクルートホールディングス

〈翻訳分担〉

カバー前袖「本書について」・まえがき	望月駿一，小山田創哲
p.1–p.7　第 1 章 冒頭～第 1 章 1.2 節	西村直樹，望月駿一
p.7–p.12　第 1 章 1.3 節～第 1 章 1.4 節	池田春之介，西村直樹
p.13–p.19　第 2 章 冒頭～第 2 章 2.1.2 節	関根嵩之，大渡勝己
p.20–p.26　第 2 章 2.1.3 節～第 2 章 2.2 節	田中一樹，高山晃一
p.26–p.32　第 2 章 2.2.1 節～第 2 章 2.2.2 節	小山田創哲，藤田康博
p.32–p.38　第 2 章 2.2.3 節	高山晃一，関根嵩之
p.38–p.43　第 2 章 2.2.3 節「最小二乗法...」～第 2 章 2.2.4 節	望月駿一，池田春之介
p.45–p.50　第 3 章 冒頭～第 3 章 3.2.2 節	西村直樹，田中一樹
p.50–p.57　第 3 章 3.2.3 節～第 3 章 3.2.4 節	池田春之介，芝慎太朗
p.57–p.63　第 3 章 3.3 節～第 3 章 3.3.2 節	関根嵩之，藤田康博
p.64–p.70　第 3 章 3.4 節～第 3 章 3.4.1 節	小山田創哲，高山晃一
p.70–p.77　第 3 章 3.4.1 節「方策勾配法」～第 4 章 4.4 節	田中一樹，芝慎太朗
付録 A	大渡勝己，芝慎太朗
付録 B	小山雅典（執筆）
付録 C	小山田創哲（執筆）

〈訳者代表・編集〉

小山田創哲（こやまだそうてつ）　株式会社リクルートホールディングス

〈監訳〉

前田新一（まえだしんいち）　株式会社 Preferred Networks，博士（理学）

小山雅典（こやままさのり）　立命館大学 理工学部数理科学科 助教，博士（数学）

速習 強化学習

―基礎理論とアルゴリズム―

（原題：*Algorithms for Reinforcement Learning*）

2017 年 9 月 25 日　初版 1 刷発行

訳者代表 編集	小山田創哲　© 2017
監　訳	前田新一 小山雅典
原 著 者	Csaba Szepesvári （チョバ・サパシバリ）
発 行 者	南條光章
発 行 所	**共立出版株式会社** 東京都文京区小日向 4-6-19 電話　03-3947-2511（代表） 郵便番号　112-0006 振替口座　00110-2-57035 URL http://www.kyoritsu-pub.co.jp/
印　刷	啓文堂
製　本	協栄製本

一般社団法人
自然科学書協会
会員

検印廃止
NDC 007.13

ISBN 978-4-320-12422-6

Printed in Japan